国家地表水水质自动监测站管理与控制体系

GUOJIA DIBIAOSHUI
SHUIZHI ZIDONG JIANCEZHAN
GUANLI YU
KONGZHI TIXI

姚志鹏 陈亚男 刘 允 王延军/编著

中国环境出版集团·北京

图书在版编目(CIP)数据

国家地表水水质自动监测站管理与控制体系 / 姚志鹏等编著 . —北京：中国环境出版集团，2022.10（2024.5 重印）
ISBN 978-7-5111-5353-1

Ⅰ. ①国… Ⅱ. ①姚… Ⅲ. ①地面水—水质监测—自动监测—监测站—管理—中国 Ⅳ. ① X832

中国版本图书馆 CIP 数据核字（2022）第 176839 号

出 版 人 武德凯
责任编辑 曲 婷
责任校对 任 丽
装帧设计 彭 杉

出版发行 中国环境出版集团
（100062 北京市东城区广渠门内大街 16 号）
网 址：http://www.cesp.com.cn
电子邮箱：bjgl@cesp.com.cn
联系电话：010-67112765（编辑管理部）
010-67112736（第五分社）
发行热线：010-67125803，010-67113405（传真）
印 刷 北京中科印刷有限公司
经 销 各地新华书店
版 次 2022 年 10 月第 1 版
印 次 2024 年 5 月第 2 次印刷
开 本 787 × 1092 1/16
印 张 13
字 数 211 千字
定 价 80.00 元

《国家地表水水质自动监测站管理与控制体系》

编写指导委员会

编写委员会

主　编：姚志鹏　陈亚男　刘　允　王延军

副主编：陈　鑫　闫　慧　赵　菲　曹　军

编　写：（按姓氏笔画排序）：

丁　楠　王延军　尤佳艺　卢　研
吕　倩　刘　京　闫　慧　闫　鑫
李晓明　陈　忠　陈　鑫　陈亚男
周利平　周黄杰　胡佳欣　胡斯曼
姚志鹏　徐小丽　曹　军　靳雨馨
潘　晨

编　审：姚志鹏　陈亚男

统　稿：王延军　闫　慧　闫　鑫

前　言

“十三五”期间，按照《生态环境监测网络建设方案》和《国家生态环境质量监测事权上收实施方案》要求，加快监测事权上收步伐，以真正实现“国家考核、国家监测”。其中，地表水环境质量监测着力构建“自动监测为主、手工监测为辅”的监测体系，通过采用“新建一批和上收改造提升一批”相结合的方式，于2018年全面建成1 946个国控水站，标志着国家地表水水质自动监测网络基本建成。

目前，国家地表水水质自动监测网络采用了“国家管理＋地方保障＋社会化机构运维”的管理模式，围绕以监测数据为质量核心，建立了覆盖国控水站运维全过程、全要素、全链条的质控体系，自动监测数据质量稳步提高，实验室交叉比对通过率多次达100%、盲样考核合格率达98%、数据有效率达98%。盲样考核合格率达98%，充分说明了自动监测数据是经得起考验的。因此，自2020年起国控水站监测数据全面应用于地表水环境质量评价、考核与排名工作，并在公网实时公开发布，为水环境管理和污染防治攻坚战提供了有力的技术支撑。

近4年来，中国环境监测总站坚持以“监测先行、监测灵敏、监测准确”为导向，通过深入研究与反复实践，形成了相对成熟的“技术、质控、管理”体系，以及行之有效的“一站一策”技术路线。在抓好“三大体系”与“一站一策”落地、落细、落实的同时，坚持在实践和管理中发现问题、分析问题和解决问题。一以贯之地改进和完善体系本身，使之更加科学、合理，并保持活力与创新。这些举措大大促进了国控水站运维管理的规范化与标准化，进一步筑牢了监测质量生命线，有效保证了自动监测数据的“真、准、全”。

当前，水质自动监测已经成为地表水环境质量监测的主要手段，除 1 946 个国控水站外，省级、市级与县级等均建有规模可观的地表水水质自动监测站。据不完全统计，全国已有数万个水站。为了充分发挥各级各类水站的实时监测及应急预警作用，实现数据全国联网共享，更好地服务水生态科学管理与决策，使各级各类水站都能够实现规范化运维与管理是非常有效和必要的措施之一，以切切实实地保证监测数据的准确可靠。为此，我们对国家地表水水质自动监测网运行以来摸索与积累的技术、质控与管理经验进行整理、总结与提炼，并汇集成册，编制《国家地表水水质自动监测站管理与控制体系》一书，作为全国地表水水质自动监测培训系列教材之一。本书包括概论、运维规范管理、运维要求及过程管理、停运处置流程、补充监测流程、数据审核及质量管理与质量控制等七个章节，详细介绍了国控水站现行的管理与控制体系，具有较强的科学性、针对性和指导性。同时，本书还可作为各级各类水站管理与运维的参考书籍，希望能有助于提升水站运维的质量与水平。

本书由陈亚男和王延军制定大纲，统筹全书的编写工作。第一章概论由刘允、姚志鹏、陈鑫等编写，第二章运维规范管理由王延军、陈亚男、闫慧等编写，第三章运维要求及过程管理由刘允、王延军等编写，第四章停运处置流程由陈亚男、赵菲等编写，第五章补充监测流程由王延军、曹军等编写，第六章数据审核由姚志鹏、刘允等编写，第七章质量管理与控制由陈亚男、王延军、陈鑫等编写。

《国家地表水水质自动监测站管理与控制体系》由总站负责组织编写和审定，适用于国家地表水水质自动监测站的运维与管理工作，其他地表水自动监测站的运维与管理可参照此书。

由于时间仓促，加之水平有限，书中难免会有不当之处，甚至有失偏颇，恳请各位读者批评指正。

编　者

2022 年 6 月 8 日

目 录

第一章 概论

第一节 地表水水质监测的目的和意义

当前，地表水环境质量日益受到各级政府和社会公众的重视，水环境质量状况已成为考核地方政府履职情况的一项重要指标。传统的地表水环境质量监测以手工采样与实验室分析为主，存在工作任务繁重、数据时效性不足、易受外部因素干扰等问题，难以满足新形势下环境管理的需要和社会公众的期待。

与手工监测相比，地表水环境质量自动监测可以实现实时、连续监测和远程监控，能够达到及时掌握水质变化情况、预警预报重大或流域性水质污染事故、解决跨行政区域的水污染事故纠纷、监督总量控制制度落实与达标排放情况等目的。同时，还可为水环境保护、管理及水污染防治提供大量的、时效性强的监测信息，有助于进一步提升水环境管理水平。

国家地表水水质自动监测站（以下简称“国控水站”），是一套以在线自动分析仪器为核心，运用现代传感器技术、自动测量技术、自动控制技术、计算机应用技术以及相关的专用分析软件和通信网络所组成的，是从水样的采集、预处理与测量到数据处理及存贮的综合性系统。

加快推进国家地表水环境质量监测网（以下简称“国家网”）水质自动监测站建设工作，建立健全以“自动监测为主、手工监测为辅”的地表水环境质量监测体系，全面提升水质监测预警能力，是进一步提高地表水监测数据质量、厘清水环境保护责任、推动水环境质量持续改善的重要举措。

现阶段地表水自动监测主要用途包含三方面内容：监测断面的日常监测、水质评价考核、水质预警。

一、监测断面的日常监测

国控水站的基本配备为常规五参数（水温、pH、溶解氧、电导率、浊度）与四大表（高锰酸盐指数、氨氮、总磷、总氮）共 9 项监测指标，湖库增设叶绿素 a 与藻密度两项监测指标。正常运行的水站每日可产生近 150 个监测数据（不包含质量控制数据）。这种全时段、全天候的监测模式为环境管理、决策及污染治理提供了大量的基础数据与有效的技术支撑，为水污染防治和水生态保护工作的顺利开展夯实了根基。

二、水质评价考核

目前，国控水站监测数据已全面应用于地方政府的水质评价、考核与排名，依托自动监测数据形成了如日报、周报、月报等类型多样的监测信息产品。“十三五”中后期，国家层面已经建立起“自动监测为主、手工监测为辅”的“9+*X*”地表水环境质量监测评价模式，使自动监测与手工监测评价结果做到平稳衔接与有效融合。同时，实现了主要指标自动实时监测、特征指标动态监测、基础指标监控监测的有机结合。“十四五”时期，部分省（区、市）也开始采用“9+*X*”的模式开展水质监测与评价工作。

三、水质预警

与手工监测相比，自动监测具有连续、实时、全天候等优势，能及时预警和防范水环境风险，大幅提升了水环境管理水平，是地表水环境质量监测的主要发展方向。

在日常监测管理和水质考核评价等基础性应用之外，通过对实时、连续的监测数据进一步分析和深入利用，可以很好地研判水环境在时间尺度上的质量状况与变化趋势，实现及时预测预警，使环境管理与决策更具前瞻性和预判性，在防范重大水污染事故发生与化解污染风险方面具有较大优势。目前，基于丹麦MIKE模型和美国SWAT模型的水质预测预警模型研究工作正深入开展，在我国松花江、世博园、太湖流域、长江流域、黄河流域等地表水环境预测预警工作方面得到了一定验证并发挥了较大作用。

第二节　地表水水质自动监测发展历程

我国水环境质量监测工作始于1973年，其职能部门隶属于卫生系统的防疫站，自1974年各省（区、市）开始独立建制，以沈阳为首的一大批城市相继挂牌成立环境监测站。1982 年，国家环保局会同有关 17 个部门组建了由 54 个监测站组成的国家环境监测网。1991 年，通过优化筛选，建立了由 135 个监测站组成的国家地表水环境监测网，按照丰水期、平水期、枯水期每年每期监测 2 次的频率开展例行监测工作，并编制地表水环境质量监测季度报告和年度报告，以掌握全国地表水的水质变化情况。1993 年，卫生部门承担的全球环境监测系统（GEMS）移交给环保系统，武汉市站、济南市站、广东省站和无锡市站分别承担 GEMS 在长江、黄河、珠江和太湖的水质监测。同时为了加强流域环境管理，1994 年以来，我国组建了长江暨三峡生态环境监测网；淮河、海河、辽河流域环境监测网；太湖、滇池流域环境监测网等。1999 年以来，我国水质自动监测站的建设有了较快发展。同年 9 月开始，我国部分主要流域开展了地表水水质自动监测站（以下简称“水站”）的试点工作。在此基础上，自 2000 年 9 月起，经“十五”“十一五”期间的努力，陆续在松花江、辽河、海河、黄河、淮河、长江、珠江、太湖、巢湖、滇池等十大流域的重点断面，以及浙闽片河流、西南诸河、西北诸河、大型湖库和国界出入境河流上构建了地表水环境质量自动监测网。2003 年，国家新建和调整了全国各流域的环境监测网，在七大水系及太湖、滇池、巢湖共设立了 10 个流域国家环境监测网，监测频率由每年监测 6 次增至每月监测 1 次，并增加了编制流域监测月度报告。

同期，为加强饮用水水源污染防治，国家开展了 113 个重点城市饮用水水源每月 1 次的常规监测，并同步向社会发布监测结果。2009 年国家地表水水质自动监测实时数据发布系统通过外网向公众实时发布数据。2012 年，在此基础上又对国家环境监测网进行了优化调整。同时，为了配合国家水污染防治工作，建立了各专项水环境质量监测网。

2017 年，在地方生态环境监测部门的积极配合下，环境保护部按照“谁考核、谁监测”的原则，顺利完成了国家地表水环境质量监测事权上收。通过实施“采测分离”，背靠背实施采样与分析，实现了监测与考核对象脱钩，切实保证了监测工作的独立、客观、公正，生态环境监测数据质量更加真实可靠。同年，环境保护部印发了《城市地表水环境质量排名技术规定（试行）》，基于采测分离手工监测数据对全国地级及以上城市国家地表水考核断面水环境质量进行排名，并于 2019 年开始按季度公布城市地表水考核断面水环境质量状况和水环境质量变化情况排名结果。2018 年，国家完成了地表水水质自动监测站建设和上收工作，1 881 个水质自动监测站全部建成，总体运行平稳，国家生态环境自动监测体系已经逐渐成形。同时，为进一步规范国家地表水环境质量监测网采测分离和地表水环境质量自动监测网运维管理，确保监测数据准确可靠，生态环境部制定了《国家地表水水质自动监测站运行管理办法》。进一步明确了站点运维管理中各方的职责；细化点位、站房管理要求；完善仪器设备管理机制；规范自动监测数据审核程序，并将地表水环境质量自动监测网的数据审核作为例行任务开展，水站的自动监测数据质量得到了有效保障。2019 年，生态环境部印发《生态环境监测规划纲要（2020—2035 年）》，将“深化自动监测与手工监测相融合的监测体系”作为深化地表水环境监测的一项重要任务。

党的十九大以来，我国生态文明建设和生态环境保护工作进入新时代，一系列决策部署充分体现了党中央、国务院解决突出生态环境问题、提供更多优质生态产品、满足人民日益增长的优美生态环境需要的坚定决心，也对生态环境监测工作提出了更高的要求。

目前，在国家层面生态环境系统已经建成国控水站 1 837 个（新建水站 1 114 个，上收站 522 个，原国家老站 201 个）。其中，固定式（含趸船站）1 755 个，浮船式水站 82 个。国控水站已经编织了一张全球站点规模最大、覆盖区域最广、功能最完备、质控要求最严的地表水环境质量自动监测网络。

自动监测数据在“9+*X*”地表水环境质量监测评价模式中用于地表水环境质量评价，有力支撑各省、各地水环境质量排名、考核。数据审核过程中发现有数据异常情况，经核实排查后向生态环境部生态环境监测司、水生态环境司、生态环境执法局等相关部门报送异常报告。鉴于社会公众对改善身边水环境的强烈诉求，适时开放水质自动监测实时数据，满足人民群众的知情权。指导各地开展汛期污染强度分析，着力突破面源污染防治“瓶颈”，推动水环境质量持续改善，每月对自动监测数据开展汛期污染强度计算。

当前，生态环境治理精准施策、精细管理对监测数据的支撑要求越来越高，传统手工监测时效性差、代表性不足的缺点日益凸显。自动监测具有时效强、全天候、频次高、抗干扰的优点，可以有效弥补手工监测的不足，是未来生态环境监测的发展方向。

第三节 地表水水质自动监测站运维管理目标和要求

一、目标

水站的监测数据是水环境风险预警的重要基础；是污染追踪溯源、支撑环境执法的重要手段；是分析评价水环境质量状况和变化趋势、考核评估水污染治理成效的重要依据。为规范国控水站运行管理，确保水站稳定运行、自动监测数据“真、准、全”，充分发挥水质自动监测站的作用，需要在运维全过程按照质量管理与质量控制体系要求加强监测质量管理并开展运维规范化建设。

二、要求

为确保国控水站稳定运行及数据质量，需不断加强与提升国控水站运维管理的制度化、规范化、标准化与科学化，这就要求细化运维规程，规范运维人员、仪器设备、备品备件、试剂耗材、监测设施和实验环境等的全过程与全要素管理。按照相关技术标准规范，定期做好国控水站仪器设备的零点漂移、跨度漂移、标样核查、多点线性核查、实际水样比对、集成干预检查和加标回收等全程序质控工作，保证监测数据“真、准、全”。

第二章　运维规范管理

第一节　运维管理体系

为保障各项监测任务有序开展，保证监测数据质量，应建立国家地表水环境质量自动监测运维管理质量体系。

一、运维管理质量体系构成

质量体系是指为实施质量管理所需的组织结构、程序、过程和资源。

环境监测机构应建立健全质量管理体系，使质量管理工作程序化、文件化、制度化和规范化，保证其有效运行，并覆盖环境监测活动所涉及的全部场所。

环境监测机构应建立质量体系文件，一般包括质量手册、程序文件、作业指导书、记录等四部分。另外，可以将与水站运维管理密切相关的附加体系文件作为第五部分纳入质量体系，使之更加全面、完整，更具可操作性。前四部分由中国环境监测总站（以下简称“总站”）制定、修订和发布，适用于国家网的各项监测活动。附加体系文件由承担水质自动监测任务的运维机构自行编制和批准发布。运维机构建立的内部运维管理体系应包含但不限于以上内容。

运维机构是建立在管理体系有效运作基础之上，能够保证监测活动公正性和独立性，具有独立承担相应法律责任的组织机构。运维机构由最高管理者签署“自我声明”，承诺遵守相关规则和要求。

（1）质量手册是质量体系运行的纲领性文件，阐明质量方针和目标，描述质量活动的全部要素，规定质量活动人员的责任、权限和相互之间的关系，明确质量手册使用、修改和控制的规定等。按质量体系构成的 13 个要素对监测活动的实施和监督分别提出相应要求，见图 2-1。

国家环境监测网 质　量　手　册	页　　码：第 1 页，共 2 页
	版　　次：2016 版，第 0 次修订
主题：质量手册	发布日期：2016 年 1 月 1 日

目　　录

图 2-1　质量手册目录图

（2）程序文件是规定质量活动方法和要求的文件，是质量手册的支持性文件，应明确控制目的、适用范围、职责分配、活动过程规定和相关质量技术要求，具有可操作性。通俗地说，程序文件是实施质量体系要求所涉及的各项活动或过程的实现途径，是对监测活动过程进行控制的依据，见图 2-2。

目　录

国家环境监测网 程　序　文　件		页　　码：第 1 页，共 1 页 版　　次：2018 版，第 0 次
主题：程序文件		实施日期：2016 年 1 月 1 日
序号	程序文件编号	程序文件名称
1	GJW-02-01	保密程序
2	GJW-02-02	人员管理程序
3	GJW-02-03	监测设施和环境条件控制程序
4	GJW-02-04	仪器设备管理程序
5	GJW-02-05	量值溯源管理程序
6	GJW-02-06	仪器设备期间核查程序
7	GJW-02-07	标准物质管理程序
8	GJW-02-08	合同评审程序
9	GJW-02-09	分包管理程序
10	GJW-02-10	服务和供应品采购管理程序
11	GJW -02-11	监测方法证实和偏离确认程序
12	GJW-02-12	采样和现场监测控制程序
13	GJW-02-13	样品管理程序
14	GJW-02-14	监测报告管理程序
15	GJW-02-15	内部质量控制程序
16	GJW-02-16	内部质量监督程序
17	GJW-02-17	不符合工作处理程序
18	GJW-02-18	申诉和投诉程序
19	GJW-02-19	内部审核程序
20	GJW-02-20	管理评审程序
21	GJW-02-21	文件控制程序
22	GJW-02-22	电子信息数据管理程序
23	GJW-02-23	记录控制程序

图 2-2　程序文件目录图

（3）作业指导书是针对特定岗位工作或活动规定应达到的要求和遵循的方法，是用来指导开展监测工作和质量管理工作的指导性文件，是用以指导某个具体过程的技术性细节的可操作性文件，见图 2-3。

目 录 二

图 2-3　作业指导书目录图

（4）记录包括质量记录和技术记录。质量记录是质量体系活动所产生的记录；技术记录是各项监测活动所产生的记录。记录往往以很多规定了格式与内容的制式表格来体现。记录表格是质量体系运行和持续改进的证据，是实现可追溯性的基础，包括质量管理记录表格和监测原始记录表格。目前，水质自动监测系统建立了无纸化电子记录工单，提高了记录效率，具有方便快捷、易于追溯留痕的特点，可准确记录表格的填报时间，并具备对运维工作记录的统计与汇总功能，见图 2-4。

图 2-4　巡检记录平台填报界面

（5）附加体系文件是监测机构的法律地位、内部组织机构、人员岗位、职责分配和权力、仪器设备等内容的具体体现。

二、附加体系文件清单

附加体系文件应包括但不限于以下内容：

（1）法律地位证明文件；

（2）监测机构平面布置图；

（3）组织机构示意图；

（4）内部组织机构设置和职责；

（5）质量体系要素要求的岗位职能分配表；

（6）机构人员一览表；

（7）CMA 实验室监测能力表；

（8）主要仪器设备一览表；

（9）关键岗位人员任命文件；

（10）授权签字人签字领域及签名识别；

（11）必要的技术性和管理性支持文件（如技术规程或规定以及制度等）。

三、质量体系运行

为确保质量体系的有效运行，应采取以下措施：

（1）对质量体系进行宣贯，确保传达至有关人员，并使其理解和执行；

（2）有效控制质量体系文件的发放和更新，执行《文件控制程序》，保证其现行有效，并易于获取；

（3）按质量体系文件要求，有效控制质量体系运作过程中涉及的质量活动和技术活动的各个环节；

（4）需要时及时修订和完善质量体系文件，以确保质量体系的完整性和适宜性。

四、质量体系改进

为确保质量体系持续改进，应通过以下途径达到改进目标：

（1）通过处理申诉和投诉意见并进行评审，进而做出改进工作的决定；

（2）通过对内、外部质量监督发现的问题实施纠正措施和预防措施，实现改进；

（3）通过内部审核的结果，发现质量体系的薄弱环节，并予以改进；

（4）通过管理评审，寻求对质量体系持续改进的机会；

（5）通过监测数据及其质量控制措施的数据分析，发现控制监测数据准确性和精密性的新手段，进一步提高监测数据的质量；

（6）积极参加技术与管理培训，以达到吸取先进经验、提高管理水平和技术能力、改进质量体系的目的。

第二节　人员管理

所有从事监测活动的人员应具备与其承担工作相适应的能力，接受相应的教育与培训，并按照国家生态环境主管部门的相关要求持证上岗。持有合格证的人员，方能从事相应的监测工作；未取得合格证者，只能在持证人员的指导下开展工作，监测质量由持证人员负责。特殊岗位的人员应根据国家相关法律、法规的要求进行专项资格确认。

运维机构应建立所有技术人员的技术档案。档案中至少包括以下内容：学历、从事监测技术工作的简历、资格和技术培训经历等。

结合国控水站运维工作实际，运维机构应配备与其承担运维任务相适应的管理人员和技术人员，规范人员录用、培训教育和能力确认 / 考核等活动，实施人员监督和管理，最大限度地减少或避免人员因素对运维工作规范性、正确性和可靠性的影响。

一、管理制度

运维机构需建立完善的人事管理程序及制度，主要要求与内容包括：

（1）具有与其承担运维管理相适应的技术人员和管理人员，人员数量和能力应满足运维任务需要。

（2）保证人员的配备、录用、培训、能力确认（考核）和管理等有序、规范实施，执行《人员管理程序》，所有相关人员均应与运维机构建立劳动关系，在符合法律法规的情况下按照劳动合同约定从事运维工作。

（3）规定对运维质量有影响的所有管理和技术人员的职责、权力和相互关系。项目负责人、技术负责人、质量负责人等关键岗位人员应有任命文件。所有人员应具有与其岗位相适应的权力、能力和资源，确保其可履行实施、保持和改进质量体系的职责。

（4）通过培训、宣贯、学术交流、能力确认（考核）、参加能力验证或比对测试等具有运维管理能力证明性的活动，使所有人员理解其所承担运维工作的重要性及与其他人员工作的相关性，明确需要实现质量目标的职责；熟悉质量体系要求；掌握运维技能，运维人员持证上岗；确认关键岗位人员的技术和管理能力；有效实施质量监督；严格执行“自我声明”和《保密程序》，保证监测数据和结果的公正性。

（5）建立人员技术档案，保留相关授权、能力、教育、资格、培训、技能和监督的记录。

二、人员结构

运维机构建立其内部组织的机构设置、职责以及质量管理、技术运作和支持服务之间的关系。编制内部组织机构框图，并在质量体系要素要求的岗位职能分配表内明确质量体系各要素之间的相互关系，见图 2-5。

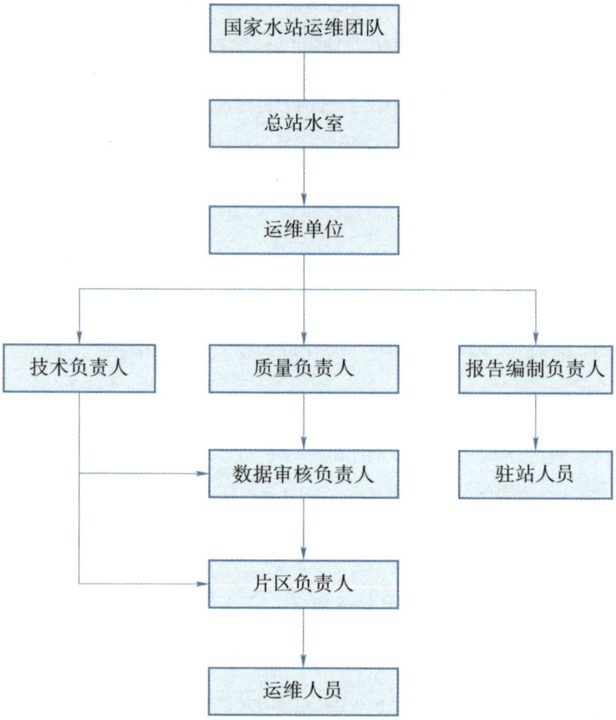

图 2-5　运维机构内部组织机构框图

对关键岗位人员进行岗位任命，关键岗位应包括但不限于：项目负责人、技术负责人、质量负责人等。

三、职责与要求

（一）项目负责人

项目负责人是法定授权的第一负责人，全面负责水站的运维工作，对运维过程中的所有工作和问题具有最终审批权和解释权。

项目负责人对运维工作及其运维质量负责，负责质量体系的整体运作、持续改进和有效性评价，签署“自我声明”。

项目负责人负责建立质量体系有效运行的沟通机制，确保将质量体系中的各项要求传达给有关人员，并得以贯彻执行；确认资源（人员、资金、设施、环境、仪器设备和所需物品等）需求并予以合理配置，以满足运维工作需要；任命技术负责人、质量负责人，并赋予其应有的权力和资源，保证质量体系有效运行；任命（或授权任命）其他关键岗位人员；组织开展管理评审；对运维工作的实施质量给予评价，保证监测质量。

（二）技术负责人

技术负责人全面负责水站运维技术管理，应熟练掌握地表水自动监测领域的相关技术规范，能迅速领悟、宣贯和落实委托方提出的各项运维要求，熟悉内部业务管理流程，了解质量体系和质量管理要求，具有较强的水站运维统筹和管理能力。

（1）全面负责运维管理中的技术运作，对所需技术资源进行评定并予以保障；

（2）负责组织编制和修订运维管理中的相关技术文件；

（3）负责运维人员的技术能力提升及最新监测设备技术路线的研发；

（4）负责自动监测设备方法的确认和各种技术文件的正确使用；

（5）负责运维人员的能力确认；

（6）负责仪器设备申购、验收、停用、租 / 借用和量值溯源等事项的技术审核；

（7）负责监测环境条件和设施配置的技术审核；

（8）负责技术方法证实和偏离确认的批准；

（9）负责技术活动中纠正措施和预防措施实施后的跟踪验证；

（10）负责组织参加技术培训、考核等技术能力证明性活动；

（11）协助质量控制措施的制定和结果评价审核。

（三）质量负责人

质量负责人负责运维任务中的质量控制管理，应熟悉项目质量控制体系和质量管理流程。在保障水站各项质量控制措施正常有序开展的同时，做好项目运维各环节内部质量控制。

（1）负责质量管理活动的运作，确保质量体系持续有效运行；

（2）负责组织编制和修订其他《附加体系文件》；

（3）负责质量控制措施和内部质量监督的计划制订、结果评价和质量管理报告的编写；

（4）负责内部运维工作计划的实施和结果评价；

（5）协助监督备机、备品、备件等物料的质量及落实；

（6）负责监督并预防运维工作中出现违反法律法规、违反运维管理程序文件、质量体系文件等制度要求的运维行为；

（7）负责各类运维质量问题的发现、整改与追溯，有效保障环境监测数据质量。

（四）运维人员

现场运维人员需熟悉水站运维操作流程，了解相关技术规范，具有高等专科及以上学历，具备较强的学习能力和动手能力。

（1）负责完成所承担的运维工作，保证监测数据准确可靠；

（2）负责按照相关运维技术规定的要求开展运维工作；

（3）负责现场站房管理、系统预处理养护、设备运维、监测任务执行、补测、人工采样、样品运输、废液收集与管理、人为干扰勘查、“一站一策”能力验证及其他与水质自动监测站运维相关的所有工作；

（4）负责运维工单填报校对、运维情况说明、异常报告编写等日常工作。

四、培训机制

运维机构应建立培训机制，制订内部和外部培训计划。内部培训包括定期组织运维理论知识与操作培训、环境监测技术能力提升培训、文件宣贯类学习培训等。外部培训为总站组织的技术能力、运维管理和仪器设备等培训。

总站组织的培训通常采用线上视频、线下集中两种培训模式，以提高运维人员技术能力、业务素质、思想道德、廉洁运维价值观等，达到不断进步与提升的目的。

运维人员按照要求参加总站理论培训，考试合格后取得证书，持证上岗。对新入职尚未取得证书的运维人员，需在持证人员的指导下开展工作，以保障水站稳定运行，使水站运维工作满足规范化与标准化要求，确保监测数据质量准确可靠。

（一）外部培训

运维机构应组织运维人员参加总站开展的“地表水自动监测运行管理技术培训班”，考核通过后持证上岗，同时应积极参加其他技术能力、运维管理和仪器设备类培训，见图 2-6。

图 2-6　总站相关技术培训

（二）内部培训

运维机构制订内部相关培训计划，针对新入职员工开展入职培训，且每月对全体运维人员至少开展一次例行运维技术培训，培训进行签到记录，并将培训结果上报总站。

1. 政策培训

依据总站运维规范，运维机构需定期组织运维人员参加政策宣贯培训。为达到培训目标与效果，需组织相应考核。

2. 技能培训

运维机构可对运维人员的技术水平进行评估，按照初级、中级、高级进行技能培训。各级能力水平培训课程可参考表 2-1。

表 2-1　各级能力水平培训课程

培训对象	培训内容
初级	设备基本原理、操作、日常维护保养、简单故障排除、联网通信、数据审核、运维规范、水站廉洁运维基本要求等
中级	除参加初级培训课程外增加试剂配制、常见故障排除、程序升级、对标核查等
高级	除参加初级、中级培训课程外增加监测数据分析、疑难故障排除、水质干扰因素分析等

运维机构新入职运维人员应通过运维机构内部考核才可参与水站运维工作，并且应在参与运维工作 6 个月时间内取得总站颁发的运维合格证，持证上岗。运维机构对新入职运维人员进行岗位培训的内容应包括水站运维规范、岗位工作要求、规章制度、工作流程等，见图 2-7。

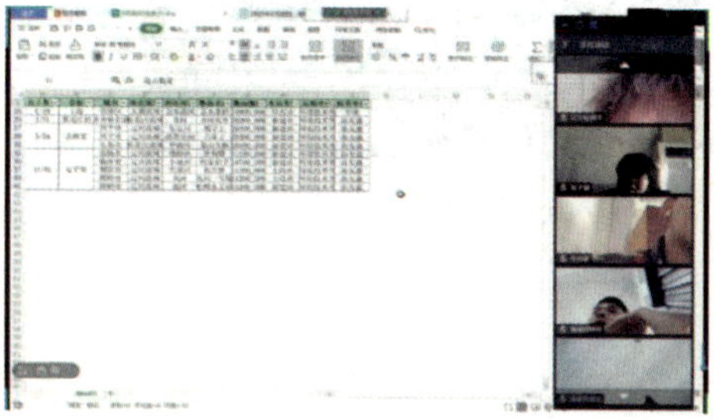

组织视频培训

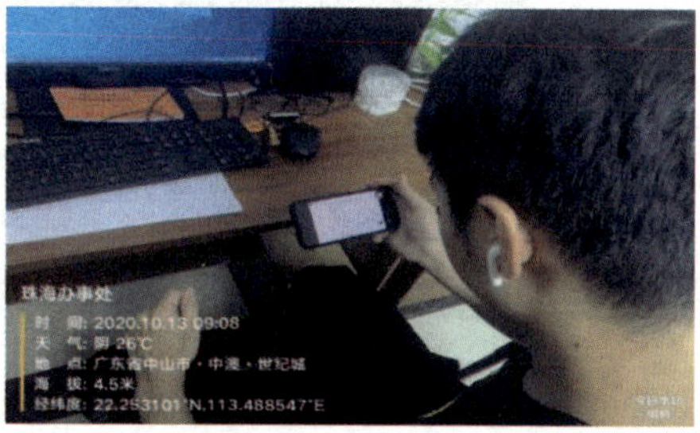

学员实时学习

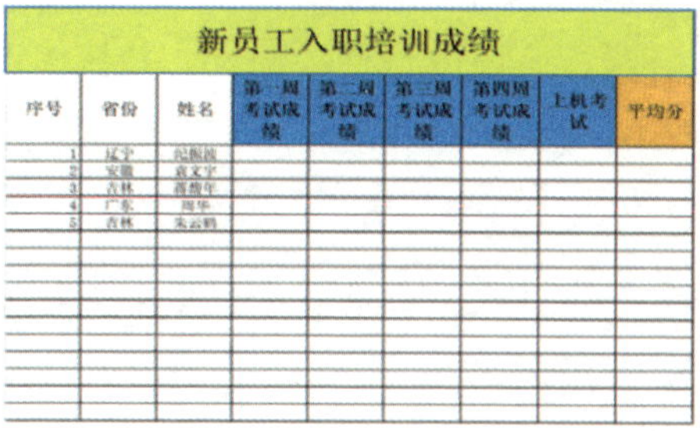

新员工入职培训成绩

序号	省份	姓名	第一周考试成绩	第二周考试成绩	第三周考试成绩	第四周考试成绩	上机考试	平均分
1	辽宁	[illegible]						
2	安徽	[illegible]						
3	吉林	[illegible]						
4	广东	[illegible]						
5	吉林	[illegible]						

新入职人员笔试+上机考核

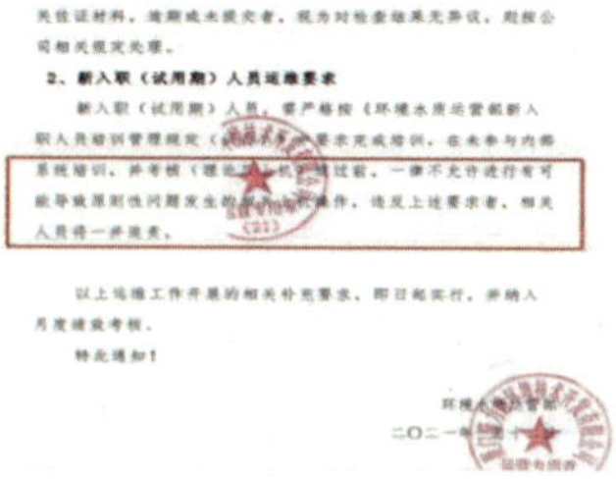

新入职人员培训考试要求

图 2-7　培训考核

五、保密

（一）保密内容

保密内容包括：属于国家秘密的文件、资料和其他物品；总站提供的技术资料；监测样品信息和监测结果以及监测过程中的必要信息等。

（二）保密措施

制定切实可行的保守国家秘密、委托方的商业秘密和技术秘密的制度和措施。

（1）准确识别和确认保密内容和级别，通过有效手段予以控制，并对保密效果予以评价；

（2）纸质文件和储存于计算机中的信息，均应以恰当的保存方式存放在适合的地点和场所，并有效控制借阅和拷贝，保证各类信息不外泄；

（3）未经委托方许可，不得擅自发布、扩散和引用委托方提供的技术资料、样品信息和监测结果；

（4）监测任务完成后，应将相关信息和材料单独建档，按照委托方的要求移交相关档案，必要时，归还相关资料。

（三）失密和泄密事件处理

建立保密工作监督制度；发现失密或泄密情况，及时向委托方报告，应迅速查明泄露原因、范围和严重程度，并采取必要的补救措施；根据事件严重程度和影响，采取相应的处理措施，必要时追究法律责任。

六、廉政

（一）廉洁运维正面清单

（1）采样现场或运维过程中地方人员有擅自拍照、阻挠、要求分装样品等干扰监测行为的，应立即拒绝、劝阻并在原始（运维）记录中做好备注；

（2）采样或运维过程中需要地方相关部门提供船只、协调通行等基础保障的，应提前做好情况说明并在采样或运维记录上备注；

（3）发现断面（点位）、自动站上下游及周边规定范围内有新增排污口，发生污染事故或存在非法倾倒行为的，应及时向总站报告；

（4）发现断面（点位）、自动站取水口上下游及周边规定范围内，临时设置人工喷泉、曝气等增氧措施或投放生物、化学药剂等，应及时向总站报告；

（5）发现断面（点位）、自动站取水口上下游或周边规定范围内，存在截污改道，或以筑坝、开沟、引渠等方式改变河道走向等异常情况的，应及时向总站报告；

（6）发现监测数据异常时，应立即向总站报告；

（7）运输人员根据监测计划，可在规定时间内按要求与分析测试单位取得联系，告知样品送达时间；

（8）积极配合各地疫情防控工作，做好健康防护。

（二）廉洁运维禁止清单

（1）严禁违规向地方相关部门或人员透露采样时间、监测频次、送测关系等关键信息；

（2）严禁擅自变更采样时间、采样方式、断面或采水口位置；

（3）严禁篡改、伪造或者指使他人篡改、伪造监测数据和仪器关键参数；

（4）严禁通过稀释、勾兑、替换等方式，改变水样代表性；

（5）严禁擅自给地方相关部门或人员采集样品或分装水样；

（6）严禁擅自向地方相关部门或人员透露监测数据或水质评价结果；

（7）严禁私自带领非运维人员进入水站或采水口现场范围活动；

（8）严禁擅自使用地方部门或人员提供的交通工具；

（9）严禁利用工作之便向地方推销技术服务、产品设备，或要求参加、承揽地方相关项目；

（10）严禁收受地方相关部门或人员的红包、礼品礼金、有价证券、土特产等；

（11）严禁参加地方相关部门或人员组织的宴请、参观、旅游、娱乐项目等；

（12）严禁由地方报销本应由公司或个人承担的住宿费、餐费、交通费等。

第三节　设备设施管理

一、站房

（1）每年对站房进行全面的养护；

（2）每年聘请具有资质的专业机构对防雷设施进行检测、维护或更换，并出具报告；

（3）保证站房内空调及供暖设施运行正常，定期对空调进行全面的清洗；

（4）定期对站房内灭火装置进行维护，对手持消防设备应及时更换，并及时检查灭火装置压力是否足够或亟须检定。

站房及内部清理检查见图 2-8。

图 2-8　站房及内部清理检查

二、采配水系统

采配水单元的运行维护对象主要是采水泵、采水管路、固定装置、配水管路、电动球阀、电磁阀、清水泵、增压泵、超声波发生器（如有）、水箱、水样杯、自来水设施、空压机等，其检查维护内容见表 2-2 和图 2-9。

表 2-2　采配水系统检测维护内容

<table>
<tr><th>序号</th><th>维护周期</th><th>维护对象</th><th>检查维护内容</th></tr>
<tr><td rowspan="3">1</td><td rowspan="3">每周 1 次</td><td>水样杯</td><td>清洗水样杯，必要时更换</td></tr>
<tr><td>增压泵</td><td>测试增压泵是否正常，必要时更换</td></tr>
<tr><td>配水管路</td><td>每周检查配水管路（包括除藻装置）工作情况</td></tr>
<tr><td rowspan="2">2</td><td rowspan="2">每半个月
1 次</td><td>采水浮船</td><td>检查取水口，清除四周杂物</td></tr>
<tr><td>自吸泵 / 潜水泵</td><td>①根据管路压力判断水泵运行情况；
②检查自吸泵储水罐中是否有水；
③检查电机后面风叶，检查转动是否灵活、无异物，以免影响电机散热，烧毁电机</td></tr>
<tr><td rowspan="5">3</td><td rowspan="5">每月 1 次</td><td>自吸泵 / 潜水泵、清水泵、固定装置</td><td>①每 1～2 个月清洗 1 次潜水泵泵体、吊桶或自吸泵取水头，清除拦格网杂物；
②检查潜水泵线缆连接情况</td></tr>
<tr><td>自来水</td><td>每月检查自来水有无漏水、压力是否正常</td></tr>
<tr><td>空压机</td><td>每月检查空压机是否正常，对管路的清洗效果是否正常</td></tr>
<tr><td>管路、阀门、超声波发生器（如有）</td><td>①每月检查 1 次取水管路，特别是潜入水中的管路部分，防止折叠、堵塞；
②检查配水管路各电动球阀的运作情况，并清洗阀门，防止杂物堵塞</td></tr>
<tr><td>五参数水箱</td><td>清洗水箱，检查有无泥沙沉积，检查液位传感器是否正常</td></tr>
<tr><td rowspan="2">4</td><td rowspan="2">每 2 个月
1 次</td><td>潜水泵维护</td><td>①检查潜水泵取水点至站房管路是否有异常，有无被破坏痕迹；
②检查潜水泵是否能正常抽水，及流量是否符合要求</td></tr>
<tr><td>电动球阀维护</td><td>检查系统电动球阀运行状态是否正常</td></tr>
</table>

续表

序号	维护周期	维护对象	检查维护内容
4	每 2 个月 1 次	清理浮筒粗滤罩	将浮筒拉起，清理取水头附着藻类或者泥沙，清洗滤罩
		清洗微滤器滤芯	将微滤器取下打开，取出滤芯，清除里面污物，并用水与适量洗涤液泡 15 min 后，再用毛刷刷洗干净
5	每年 1 次	水泵	聘请专业人员维护维修或更换取水泵

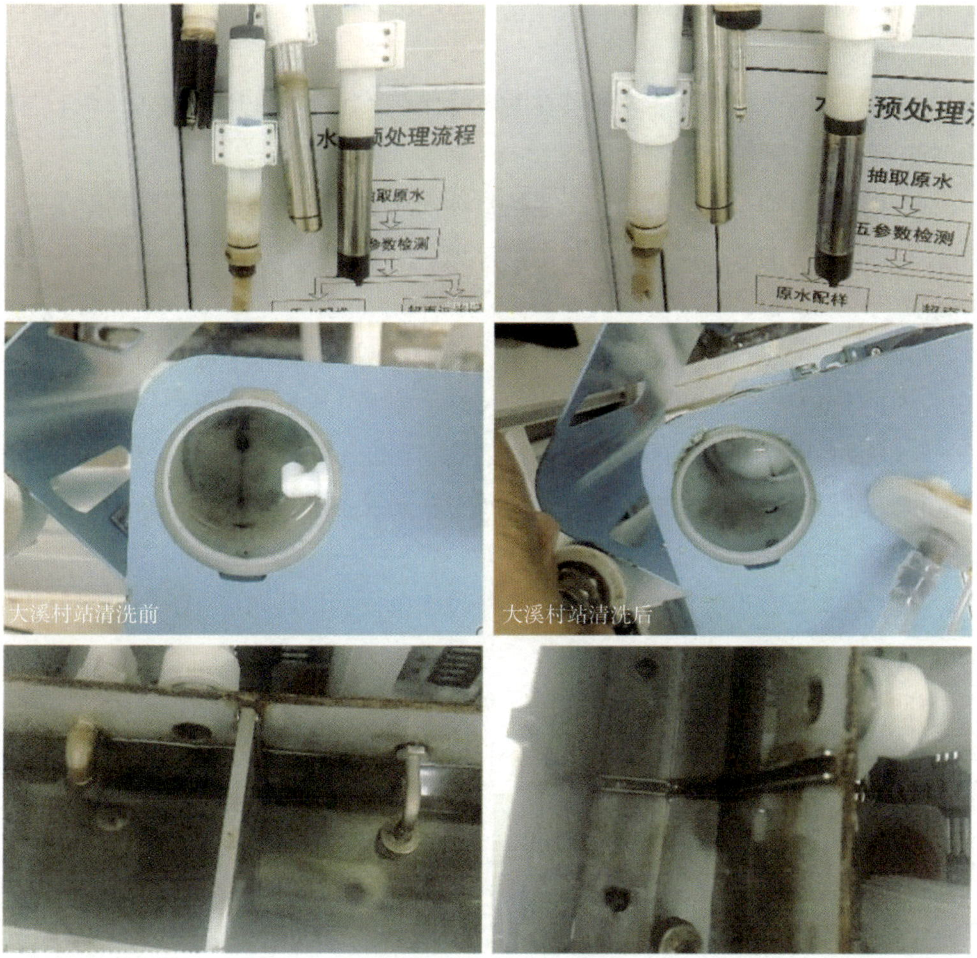

图 2-9　采配水单元的维护

三、控制系统

水站中的控制柜承担了系统控制的功能，由PLC（控制器）、工业控制计算机（工控机）、控制软件、VPN（虚拟网络）和通信网络等单元组成，其主要功能是控制采水、配水单元的工作流程，给仪器发送各种命令，接收仪器测试结果和状态，存储并通过通信网络将监测数据上报到中心平台。

（一）基本要求

（1）支持《国家地表水自动监测仪器通讯协议》和《国家地表水自动监测系统通讯协议》；

（2）具有断电保护功能，能够在断电时保存系统参数和历史数据，在来电时自动恢复系统；

（3）具备自动采集数据功能，包括自动采集水质自动分析仪器数据、集成控制数据等，采集的数据应自动添加数据标识，对异常监测数据能自动识别，并主动上传至中心平台；

（4）具备单点控制功能，能够对单一控制点（阀、泵等）进行调试；

（5）具备对自动分析仪器的启停、校时、校准、质控测试等控制功能；

（6）具备对留样单元的留样、排样的控制功能；

（7）能够兼容视频监控设备并能实现对视频设备进行校时、重新启动、参数设置、软件升级、远程维护等功能；

（8）具备参数设置功能，能够对小数位、单位、仪器测定上下限、报警（超标）上下限等参数进行设置；

（9）具备各仪器监测结果、状态参数、运行流程、报警信息等显示的功能；

（10）具有监测数据查询、导出、自动备份功能，可分类查询水质周期数据、质控数据（空白测试数据、标样核查数据、加标回收率数据等）及其对应的仪器、系统日志流程信息。

（二）维护内容

（1）定期对工控机进行断电重启，查看工控机是否可以自动启动，并运行操作系统、加载现场监控软件，查看串口通信是否正常；

（2）定期对网络通信设备进行断电重启，查看启动后是否通信正常；

（3）定期检查开机过程中硬件自检过程是否有异常数据传输和报警；

（4）定期对数据进行备份，对工控机进行杀毒；

（5）通信及控制系统维护主要是对仪器控制系统和通信系统进行检查维护，以免造成通信中断，影响通信质量；数据库应能安全、可靠地保存数据。其检查维护内容见表 2-3。

表 2-3　控制系统检测维护内容

序号	维护周期	维护对象	检查维护内容
1	每半个月 1 次	设备	突发异常情况及时排查，及时汇报，做好记录
2	每月 1 次	控制单元	计算机杀毒

四、辅助设施

辅助设施是确保系统和仪器稳定运行的相关设施，主要设备有稳压电源和 UPS 电源、电动球阀、试剂低温保存箱、纯水机、废液收集处置单元、除藻装置、增压泵、空压机、各种传感器（电压、温湿度、烟感、水位、水压）、视频采集设施等。

（一）基本要求

（1）UPS：总功率≥3 kVA，断电后至少能保证仪器完成一个测量周期和数据上传，且待机不少于 1 小时；

（2）稳压电源：功率≥10 kW；

（3）防雷设施：具有三级防雷措施；

（4）自动留样器：低温冷藏，留样 12 瓶以上，自动密封功能，配置门禁系统，留样失败报警；

（5）试剂保存单元：在不影响试剂溶解性的情况下，系统应保证分析仪器运行时所用的化学试剂处于（4±2）℃低温保存（浮船站除外）；

（6）自动消防设施：自动灭火，灭火材料对设备无损害，灭火后可继续使用。

（二）维护内容

（1）定期检查稳压电源及 UPS 的输出是否符合技术要求，突发异常情况应及时排查处理；

（2）定期检查空气压缩机气泵和清水增压泵的工作状况；

（3）定期检查并清洗自动留样器，清除留样器内存水和结冰，检查留样器有无报警或留样是否准确；

（4）定期检查视频设备功能是否正常；

（5）对系统的其他单元进行必要的检查和维护：站房温湿度、除藻设备、清洗设备、防雷设备、系统设备和仪器的供电情况、系统防火防盗设施等。

检查维护内容详见表 2-4 和图 2-10。

表 2-4　辅助设施检查维护内容

序号	维护周期	维护对象	检查维护内容
1	每周 1 次	辅助设施报警装置	检查有无报警且功能是否正常
		自动留样器	检查内部有无存水、结冰，泵运转是否正常、电机运转位置是否正常，有无报警信息、留样是否准确
		视频装置	检查视频摄像头朝向是否正常，视频装置运转是否正常，刻录机能否正常保存近期视频等
2	每月 1 次	稳压电源检查	检查稳压电源有无报警，供电压力是否正常
		UPS 检查	检查 UPS 通信、电池蓄电情况
		空压机检查	检查空压机气路有无堵塞、漏气，运转是否正常
		纯水机滤芯维护	清洗纯水机滤芯，必要时更换
		太阳能板检查	检查太阳能供电板供电压力
		太阳能板清洁	清洗供电板表面
		风力发电机	检查风力发电装置供电压力、蓄电情况
		蓄电池	检查蓄电池有无漏电，检查蓄电情况
		警示灯	存在警示灯的浮船装置，检查警示灯是否正常
		自动定位系统	存在定位系统的浮船装置，检查定位通信是否正常，定位是否准确
3	每年 1 次	稳压电源和 UPS	请专业人员进行检测维护
		防雷设备	请专业人员进行检测维护
		系统供电	请专业人员进行检测维护
4	定期	室外电缆	突发异常情况及时排查，及时汇报，做好记录

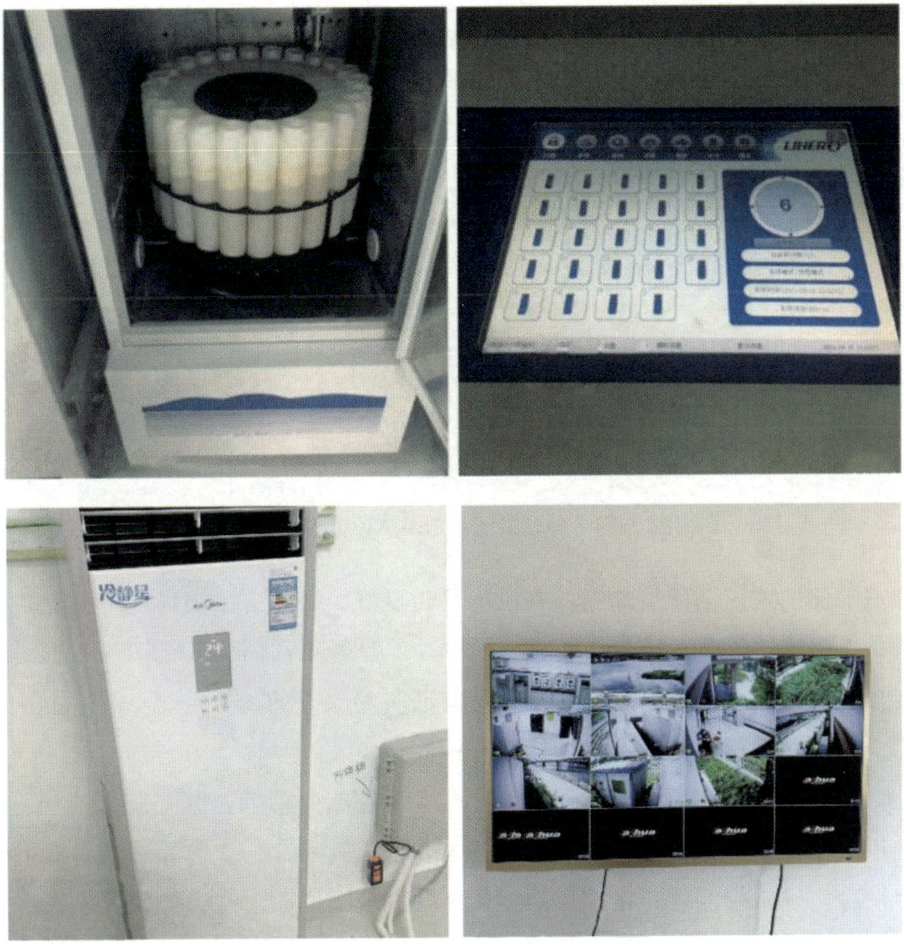

图 2-10　辅助单元的检查维护

五、便携仪器使用

水质自动监测站按站点比 2：1 配备便携式五参数（水温、pH、溶解氧、电导率和浊度）监测设备。便携式五参数监测设备性能应符合行业标准要求并通过计量检定 / 校准，且在有效期内。便携式五参数监测设备由运维机构上报总站，统一登记管理，使用前需对设备进行检查和标准溶液（简称标液）校准，见图 2-11～图 2-14。

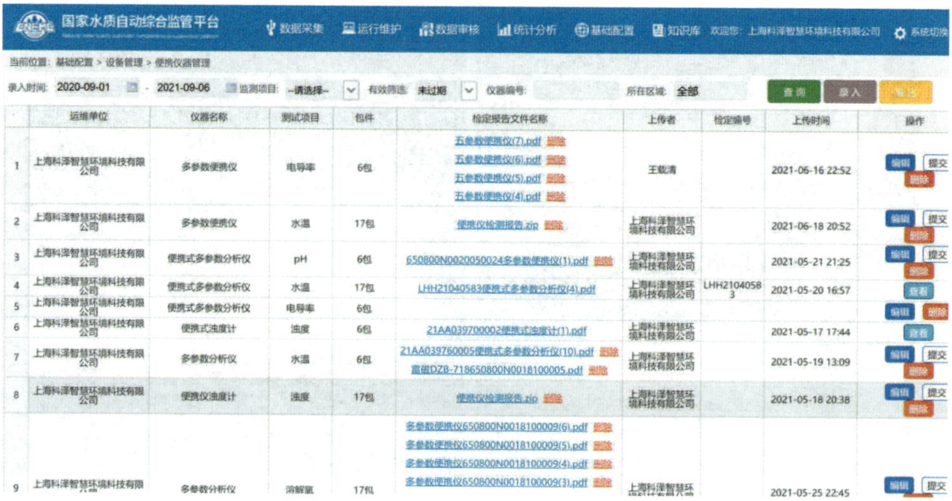

图 2-11　便携式五参数监测设备登记情况

（1）便携式仪器使用前需检查供电是否良好，外观有无损坏，是否配备检定报告，电极连接测试通信是否正常，检查功能是否正常。

（2）使用前需进行校准，校准需满足实验室校准条件，温度控制在 23～28℃，使用前进行便携式仪器的校准、核查。

（3）校准开始前预热 30 min 以上，以使各部分功能及显示记录单元稳定。在电极受沾污情况下，必要时应采用洗涤剂、0.01 mol/L 盐酸等洗涤后，用流水充分洗净。确认仪器可正常使用后，严格按照仪器说明书进行操作。先将水样与标准溶液调至同一温度，记录测定温度，并将仪器温度补偿旋钮调至该温度上。

（4）pH 宜采用 4.01、7.00、9.18 左右的至少两种标准溶液进行校准，校准误差不得超过标准物质的不确定度。

（5）溶解氧宜采用饱和空气校准，当水体浓度过低时，需提前使用无氧水（5% 亚硫酸钠）校准，校准误差不超过 ±0.1 mg/L。

（6）浊度宜采用当前水体 0～2 倍的标准物质进行校准，校准前需仔细清洗电极，校准误差不超过 ±5%，其中使用去离子水校准时，电导率误差不超过 ±5 μS/cm，浊度误差不超过 ±5 NTU。

（7）便携式仪器领用、校准后，使用前必须进行核查，核查需使用与校准不同的标准物质浓度。

图 2-12 便携式配置

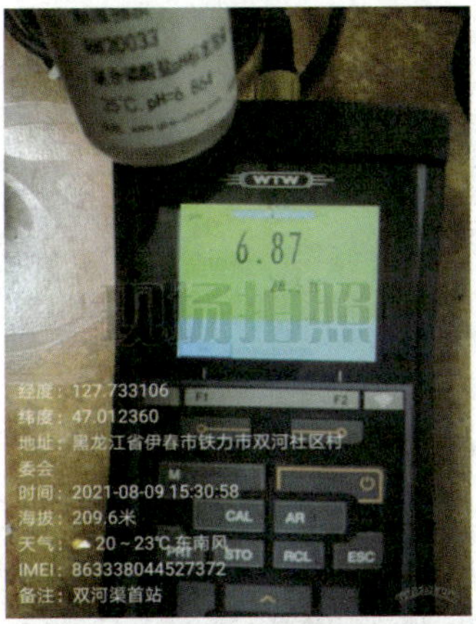

pH标液核查照片

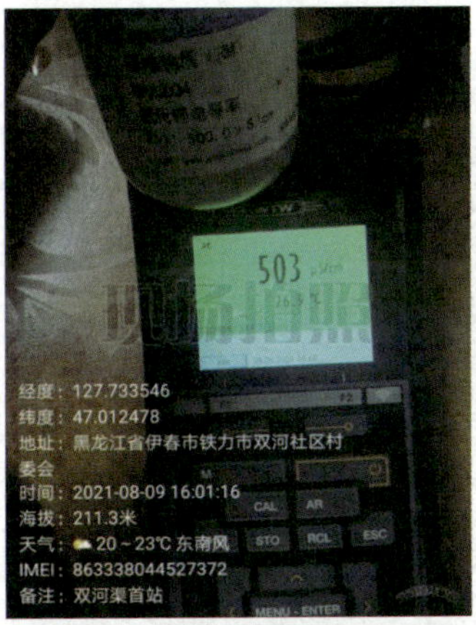

电导率标液核查照片

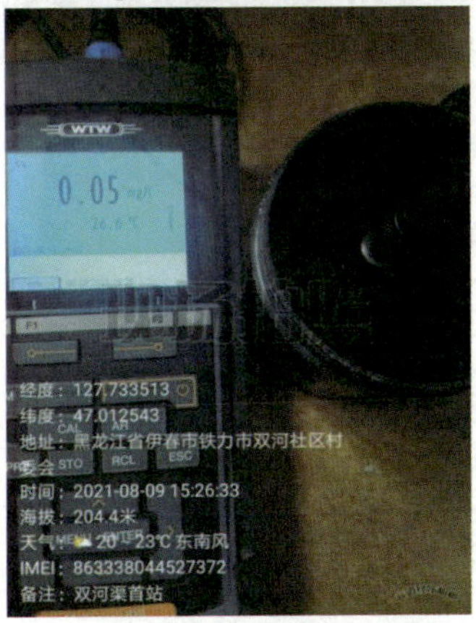

溶解氧标液核查照片
（零点校准仪器示值）

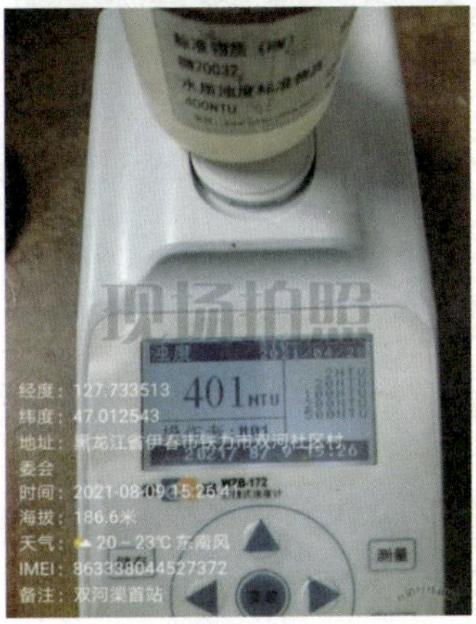

浊度标液核查照片

图 2-13 便携式使用前进行核查

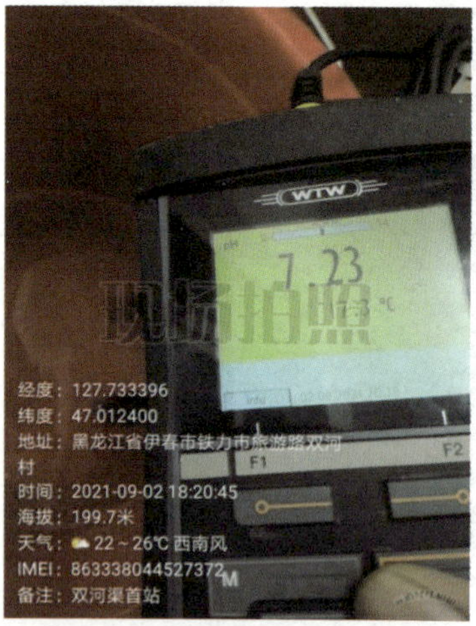

pH测试照片

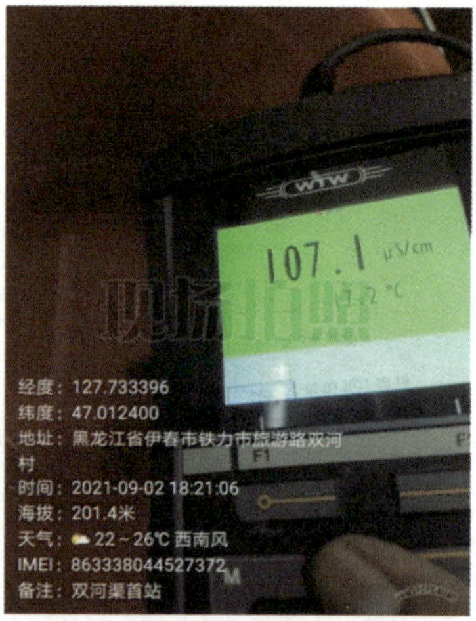

电导率测试照片

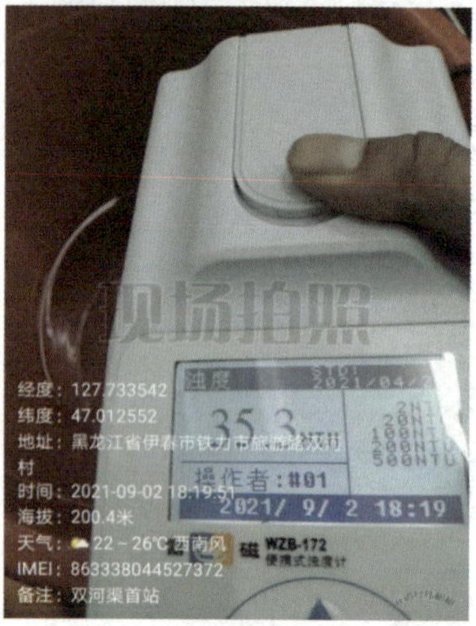

浊度测试照片

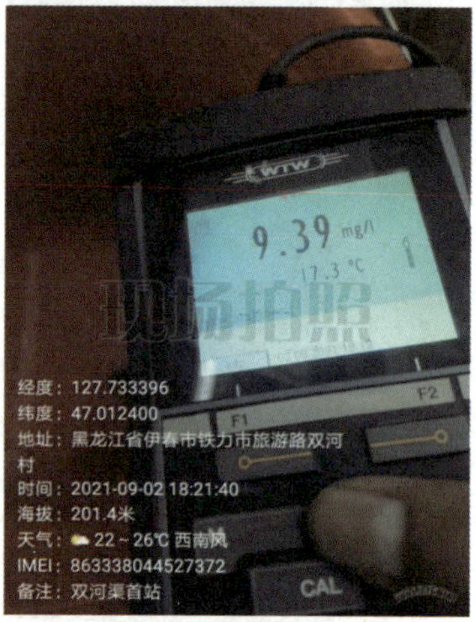

溶解氧测试照片

图 2-14 便携式现场测试

六、备机

（一）备机建立

运维机构按照九参数仪器数量配备备机，每 10 台仪器应配备不少于 1 台的备机，不足 10 台按 10 台仪器配置备机。备机性能及功能满足相关技术规范要求和管理需求。备机均应通过生态环境部环境监测仪器质量监督检验中心的适用性检测，具有生态环境部环境监测仪器质量监督检验中心出具的在有效期内的检测合格报告。测量数据等参数按水站数据传输协议上传平台。

建立备机存放档案，记录备机采购安装时间、品牌型号、状态、领用和归还时间、归还时状态，记录校准核查记录，由专人管理。

每月执行 1 次标液核查，核查技术要求见表 2-5。

表 2-5　标准溶液考核技术要求

监测项目	标准溶液考核技术要求	
水温	—	
pH	± 0.15	
溶解氧	± 0.3 mg/L	
电导率	标准溶液值＞100 μS/cm	± 5%
	标准溶液值≤100 μS/cm	± 5 μS/cm
浊度	浊度≤30 NTU；浊度≥1 000 NTU	不考核
	30 NTU＜浊度≤50 NTU	± 15%
	50 NTU＜浊度＜1 000 NTU	± 10%
高锰酸盐指数、氨氮、总磷、总氮	± 10%	

（二）备机质控措施及注意事项

1. 在用仪器

对在用仪器品牌、出厂编号、使用及安装时间、分析方法情况进行登记报备，见图 2-15 和图 2-16。

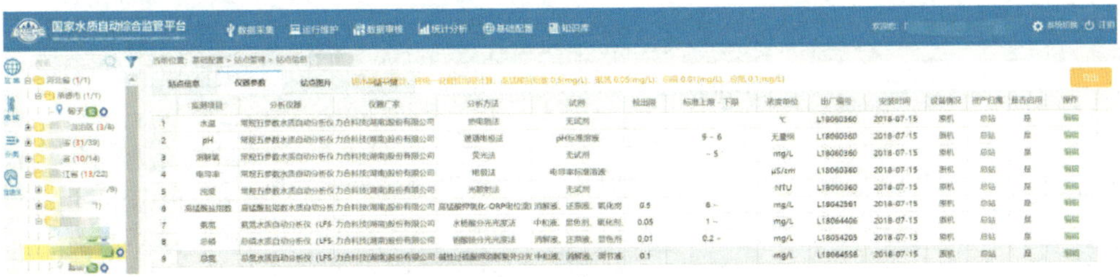

图 2-15　在用仪器平台登记报备情况

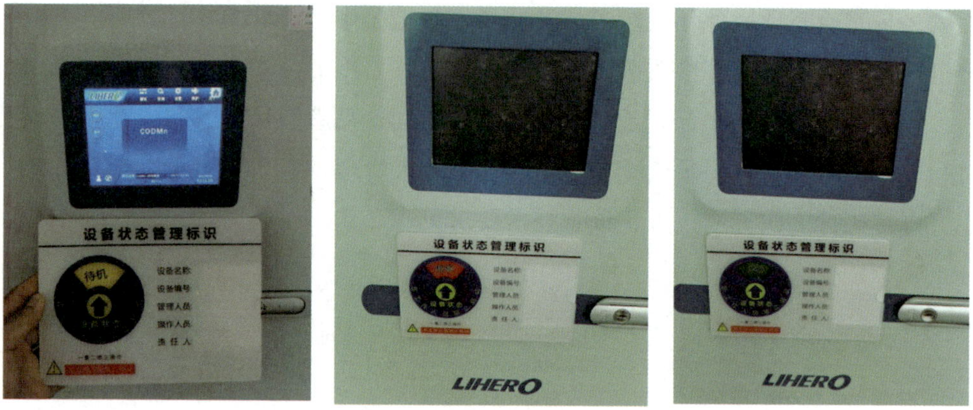

图 2-16　站点运行标识

应基于断面水质状况、水站环境条件和分析仪器的要求，根据在用仪器易耗品的更换周期进行定期更换；对使用期限有规定的备品备件，必须严格按使用规定期限予以更换。

水站仪器所用试剂的更换周期应根据试剂稳定性和保质期确定，室内温度较高时应缩短更换周期，试剂的更换周期不得超过试剂的有效期。根据水站运行的环境状况，在规定的时间内对仪器设备进行预防性维护与检修。

按国家技术规定进行多点线性核查。

利用每周定期巡检工作，对系统中各监测设备进行必要维护，如试剂更换、常规耗材备件更换、仪器清洗及校正等工作，保证仪器正常运行、分析数据准确。其检查维护内容见表 2-6。

表 2-6　监测设备检查维护内容

序号	维护对象	维护周期	检查维护内容	维护目的
1	氨氮分析仪维护	1 次 / 周	①氨氮分析仪加热模块是否正常，温度是否维持在技术要求范围内； ②更换试剂； ③检查气敏膜，添加电解液，定期更换电极； ④定期更换氨氮相关管路系统，包括水样、试剂管路、蠕动泵管、加热盘管等； ⑤检查校准计量模块	确保监测仪器所需试剂充足，管路、阀门处于正常状态，仪器电极、管路、比色皿等无沾污，运行稳定，比对数据合格

续表

序号	维护对象	维护周期	检查维护内容	维护目的
2	高锰酸盐指数分析仪维护	1 次 / 周	①数据传输和报警模块是否正常； ②更换试剂； ③定期清除消解杯中污垢，疏通相关管路； ④确保各个阀门正常； ⑤定期更换试剂及水样管路； ⑥如有参比电极，需定期添加参比电极电解液； ⑦如有 ORP 电极，需清除 ORP 电极上污垢； ⑧如不是 ORP 电极法，需检查光源是否正常	确保监测仪器所需试剂充足，管路、阀门处于正常状态，仪器电极无沾污，运行稳定，比对数据合格
3	总磷分析仪	1 次 / 周	①定期查看仪器测试数据、报警信息、运行日志等，检查是否出现异常； ②定期检查水样、试剂、纯水、废水废液连接管路是否有泄漏或腐蚀情况； ③定期检查试剂状况，试剂余量是否充足； ④定期检查消解池比色皿、蠕动泵、多通阀等主要器件外观有无异常； ⑤定期检查试剂管路是否需要清洗或更换	确保监测仪器所需试剂充足，管路、阀门处于正常状态，仪器管路、比色皿等无沾污，运行稳定，比对数据合格
4	总氮分析仪	1 次 / 周	①定期查看仪器测试数据、报警信息、运行日志等，检查是否出现异常； ②定期检查水样、试剂、纯水、废水、废液连接管路是否有泄漏或腐蚀情况； ③定期检查试剂状况，试剂余量是否充足； ④定期检查消解池比色皿、蠕动泵、多通阀等主要器件外观有无异常； ⑤定期检查试剂管路是否需要清洗或更换	确保监测仪器所需试剂充足，管路、阀门处于正常状态，仪器管路、比色皿等无沾污，运行稳定，比对数据合格
5	五参数分析仪	1 次 / 周	①每周进行电极探头例行保养； ②每月进行电极校正	确保电极无污垢，监测准确

2. 停用 / 闲置资产

（1）运维机构受总站委托，根据《总站国有资产管理办法》，合理使用国有资产，保障国有资产的安全完整。

（2）国控水站国有停用 / 闲置资产，禁止蓄意破坏，私自外借、出租、抵押等。

（3）根据总站提供的固定资产台账，运维机构应对所有站点的固定资产每年开展一次清查，并将结果报送总站。运维机构应设立专（兼）职人员对固定资产统一管理，配合总站定期完成资产清点工作。

（4）运维机构要正确使用资产，严格执行技术操作规程和维护保养制度，确保资产在使用期内性能良好。如停用 / 闲置资产需要报废，应以书面形式报备总站。

（5）国控水站运维主体发生变更时，运维交接双方按总站资产清单盘点国控水站资产（包括停用 / 闲置资产），完成资产交接，国控水站资产保管责任随之转移。

（6）国控水站中停用 / 闲置的仪器设备等固定资产，其所有权归属总站，由运维机构提供的备机等其他闲置资产归运维机构所有。

3. 质控措施及注意事项

（1）建立备机档案库，需包含仪表安装时间、启用时间、管理人、校准核查记录、品牌型号编号、仪表状态、领用和归还记录。

（2）备机建立后，需进行性能测试，填写调试报告，此后每半年进行一次性能测试检查。每月至少进行一次备机检查工作，检查内容包括通电状态、管路填充状态、仪器内部参数状态、主要部件状态、通信接口状态，并定期根据厂家发送的升级包进行仪表软件升级并记录，确保备机与现场在测仪表状态一致可用。

（3）备机及内部部件不得拆卸。

（4）领用备机后，需及时对在测故障仪表进行维修，备机借用不得超过 1 个月。

（5）如因特别情况，在测故障仪表超期未能维修完成，需以书面形式进行申请，批准后方可继续使用。

（6）备机不得作为现场在测仪表长期使用，应保证备机仪表状态良好，归还前对仪表进行检查，管路进行清洗，执行一次标液核查。

（7）备机的核查不通过，应检查并进行维护，粘贴运行状态标识，直至核查通过。

（8）更换修复后的仪表，需进行仪表性能测试，并留存性能测试记录。

七、移动监测车

（一）移动监测车使用

移动监测车内配备采样及前处理设备、水温、pH、溶解氧、电导率、浊度、高锰酸盐指数、氨氮、总磷、总氮分析仪、控制系统等自动监测仪器设备，可替代水站开展连续监测，并可按水站数据传输协议将监测数据上传平台。移动监测车服从总站统一调度，承担应急监测、补充监测等工作。

（二）质控措施及注意事项

（1）建立监测车内仪器设备档案库，内含仪表安装时间、启用时间、管理人、校准核查记录、品牌型号编号、仪表状态及领用与归还记录。

（2）监测车内仪器设备安装后，需进行性能测试，填写调试报告，此后每半年进行一次性能测试检查。每月至少进行一次在线设备检查工作，检查内容包括：通电状态、管路填充状态、仪器内部参数状态、主要部件状态、通信接口状态，并定期根据厂家发送的升级包进行仪表软件升级并记录，确保监测车内仪器与现场在测仪表状态一致可用。

（3）监测车内仪器设备及内部部件不得拆卸。

（4）如因特别情况，监测车内仪器设备故障、仪表超期未能维修完成，需以书面形式进行申请更换或返厂维修。

（5）监测车内仪器设备不得作为现场在测仪表长期使用，并保证仪表状态良好。

（6）监测车内仪器设备的核查不通过，应检查并进行维护，粘贴运行状态标识，直至核查通过。

（7）更换修复后的监测车内仪器设备，需进行仪表性能测试，并留存性能测试记录。

以黑龙江省移动监测车应急使用为示例见图 2-17。

图 2-17　2020 年黑龙江省移动监测车应急使用

八、运维车辆

水质自动监测站按照站点配比，每 4 个站配备 1 辆运维车辆。运维车辆性能满足水站实际运维需求，不得使用违规、不符合交通管理年检合格标准的车辆。运维机构所用车辆均需统一登记、管理、调度，运维机构配置专人进行车辆日常管理，并提供车辆日常保养、事故应急处理方案等，见图 2-18。

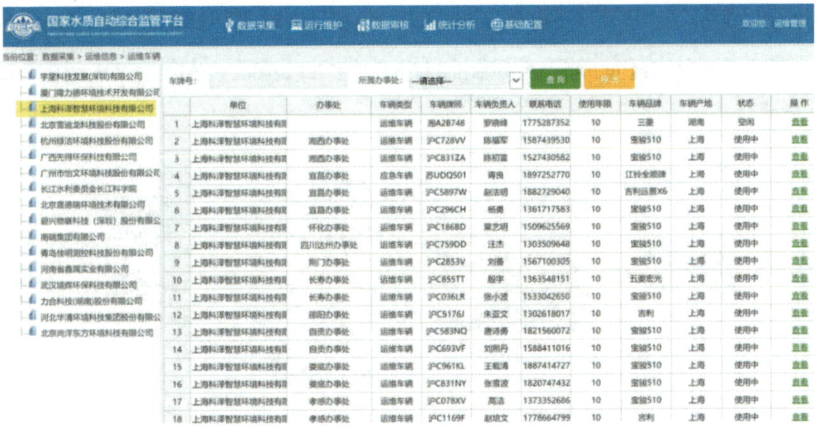

	单位	办事处	车辆类型	车辆牌照	车辆负责人	联系电话	使用年限	车辆品牌	车辆产地	状态	操作
1	上海科泽智慧环境科技有限		运维车辆	湘A2B748	罗晓峰	1775287352	10	三菱	湖南	空闲	查看
2	上海科泽智慧环境科技有限	湘西办事处	运维车辆	沪C728VV	陈福军	1587439530	10	宝骏510	上海	使用中	查看
3	上海科泽智慧环境科技有限	湘西办事处	运维车辆	沪C831ZA	陈初富	1527430582	10	宝骏510	上海	使用中	查看
4	上海科泽智慧环境科技有限	宜昌办事处	应急车辆	苏UDQ501	蒋俊	1897252770	10	江铃全顺牌	上海	使用中	查看
5	上海科泽智慧环境科技有限	宜昌办事处	运维车辆	沪C5897W	赵吉明	1882729040	10	吉利远景X6	上海	使用中	查看
6	上海科泽智慧环境科技有限	宜昌办事处	运维车辆	沪C296CH	杨勇	1361717583	10	宝骏510	上海	使用中	查看
7	上海科泽智慧环境科技有限	怀化办事处	运维车辆	沪C186BD	粟艺明	1509625569	10	宝骏510	上海	使用中	查看
8	上海科泽智慧环境科技有限	四川达州办事处	运维车辆	沪C759DD	汪杰	1303509648	10	宝骏510	上海	使用中	查看
9	上海科泽智慧环境科技有限	荆门办事处	运维车辆	沪C2853V	刘番	1567100305	10	宝骏510	上海	使用中	查看
10	上海科泽智慧环境科技有限	长寿办事处	运维车辆	沪C855TT	殷宇	1363548151	10	五菱宏光	上海	使用中	查看
11	上海科泽智慧环境科技有限	长寿办事处	运维车辆	沪C036LR	张小波	1533042650	10	宝骏510	上海	使用中	查看
12	上海科泽智慧环境科技有限	邵阳办事处	运维车辆	沪C5176J	朱亚文	1302618017	10	吉利	上海	使用中	查看
13	上海科泽智慧环境科技有限	自贡办事处	运维车辆	沪C583NQ	唐诗勇	1821560072	10	宝骏510	上海	使用中	查看
14	上海科泽智慧环境科技有限	自贡办事处	运维车辆	沪C693VF	刘鹏丹	1588411016	10	宝骏510	上海	使用中	查看
15	上海科泽智慧环境科技有限	娄底办事处	运维车辆	沪C961KL	王毓涛	1887414727	10	宝骏510	上海	使用中	查看
16	上海科泽智慧环境科技有限	娄底办事处	运维车辆	沪C831NY	张雪波	1820747432	10	宝骏510	上海	使用中	查看
17	上海科泽智慧环境科技有限	孝感办事处	运维车辆	沪C078XV	高洁	1373352686	10	宝骏510	上海	使用中	查看
18	上海科泽智慧环境科技有限	孝感办事处	运维车辆	沪C1169F	赵培文	1778664799	10	吉利	上海	使用中	查看

图 2-18　运维车辆平台备案情况

第四节　试剂管理

一、标准样品、试剂来源

国控水站使用的试剂均应为符合国家标准或专业标准的分析纯（AR）试剂，有特殊要求时，可使用优级纯（GR）或以上等级试剂。配制溶液时所使用的化学品和标准物质的纯度或浓度必须符合分析项目检测要求。标准物质应选用国家和有关部门正式批准的有证标准物质。依据《分析实验室用水规格和试验方法》（GB/T 6682—2008）要求，配制试剂或标准物质的用水应满足标准中三级水的要求，部分精密仪器或者痕量测试用水应满足一级水的要求，或使用新制备的蒸馏水。

国控水站应选择品牌、产品品质、成本、交货日期及售后服务等符合要求的试剂及标准物质供应商，签订长期采购合同或协议，形成合格供应商名录，以保证试剂和标准物质来源稳定且质量可靠。

日常质控测试、仪器核查测试以及质量监督时的盲样测试使用的标准溶液试剂纯度应在优级纯（GR）以上，或使用具有研制资质部门生产的标准样品。水站运维试剂由 CMA 检测机构配制，试剂纯度为分析纯（AR）以上，配制信息可溯源，采用专用试剂瓶盛装，贴有明确标识（包括试剂名称、标液浓度、配制人、配制时间、有效期），统一配送、抽检，并充分考虑高寒区域、边防区域试剂供给。运维机构使用前应提交试剂配制及使用手册备查，见图 2-19～图 2-22。

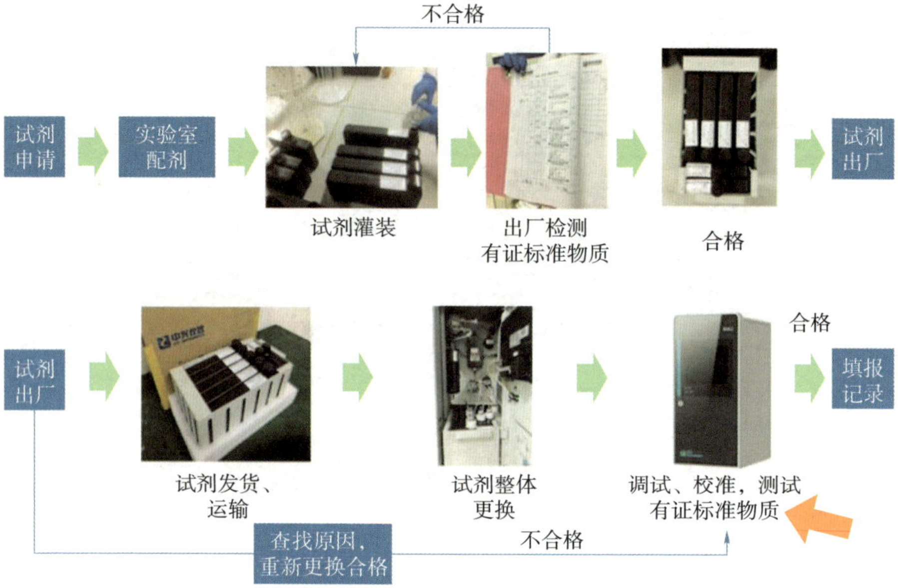

图 2-19　量值溯源与传递

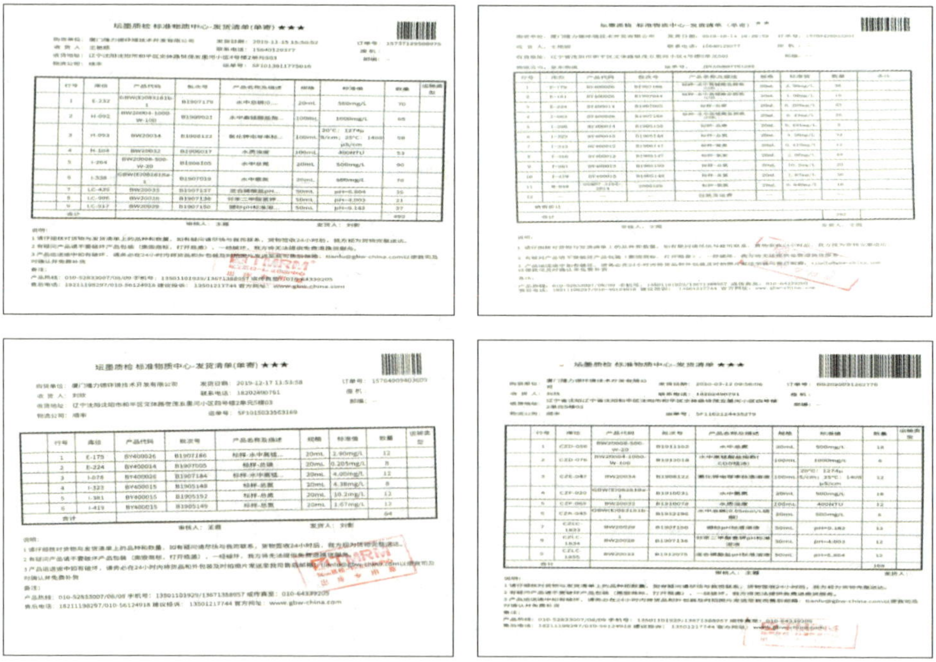

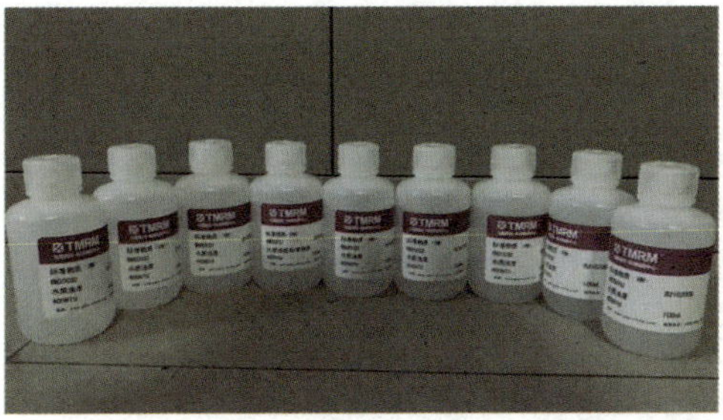

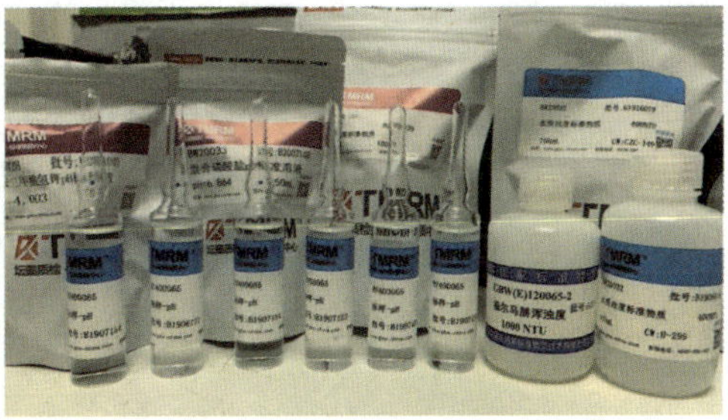

图 2-20　标准物质供应来源

生产厂家简介

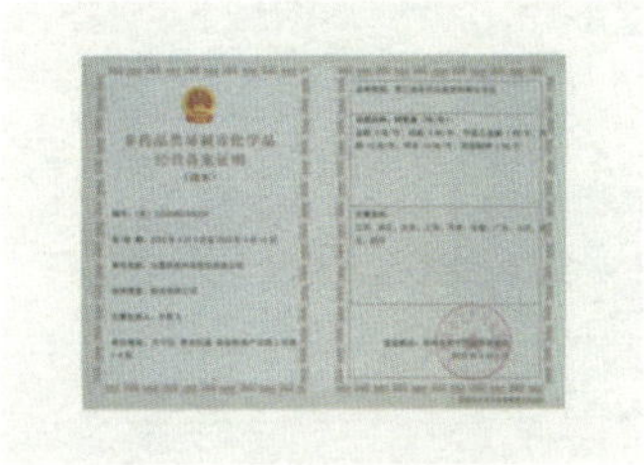

非药品类易制毒化学品经营备案证明

标准物质/标准样品生产者认可证书

质量管理体系认证证书

标准物质定级证书

职业健康安全管理体系认证证书

危险化学品经营许可证

环境管理体系认证证书

营业执照

高新技术企业证书

增值电信业务经营许可证

图 2-21　标准物质生产厂家资料

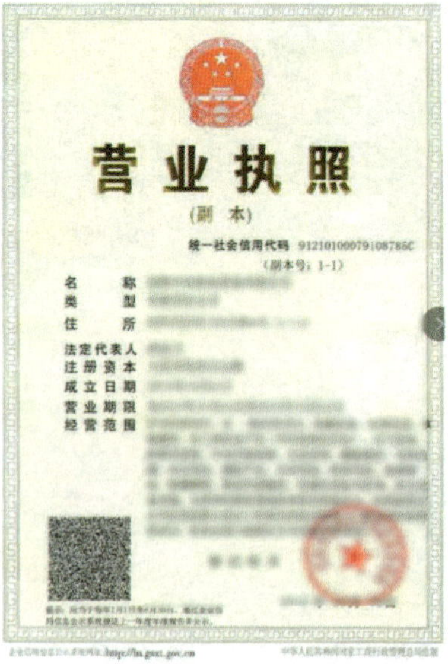

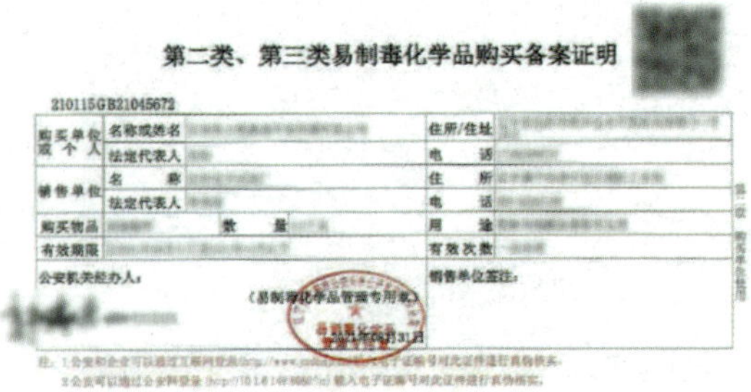

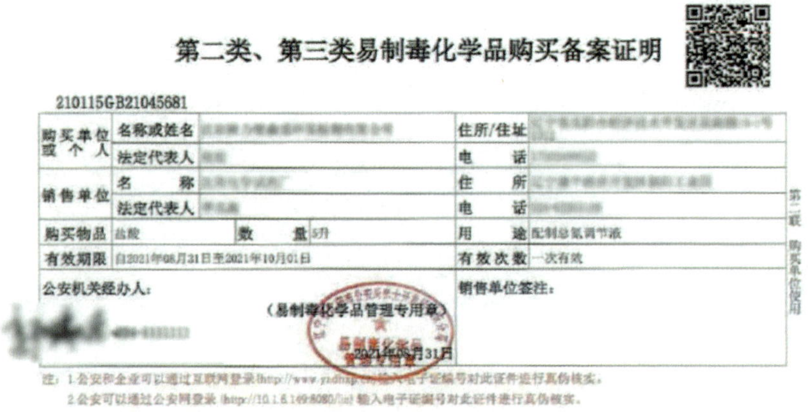

第二类、第三类易制毒化学品购买备案证明

210115GB21045681

购买单位或个人	名称或姓名	[illegible]	住所/住址	[illegible]
	法定代表人	[illegible]	电话	[illegible]
销售单位	名称	[illegible]	住所	[illegible]
	法定代表人	[illegible]	电话	[illegible]
购买物品	盐酸	数量 5升	用途	配制总氮调节液
有效期限	自2021年08月31日至2021年10月01日		有效次数	一次有效
公安机关经办人：	（易制毒化学品管理专用章） 2021年08月31日		销售单位签注：	

第二联 购买单位使用

注：1.公安和企业可以通过互联网登录http://www.yzd... 输入电子证编号对此证件进行真伪核实。
2.公安可以通过公安网登录 http://10.1.6.149:8080/lis/ 输入电子证编号对此证件进行真伪核实。

图 2-22　试剂药品原料生产厂家资料

采购的化学试剂和标准物质需进行验收，验收应从外观、数量、质量三方面进行。验收合格后方可入库，并应做好详细的入库登记记录。

（一）外观和数量验收要求

到货的试剂及标准物质，外包装不得破损、腐蚀或渗漏，如果有包装箱，包装箱标签必须与药品瓶的产品标签一致；如果无包装箱的，必须确保药品瓶包装标签完整、清晰。来料标签上需注明试剂的生产厂家名称、化学品或标准物质名称、等级、纯度、规格、批号、生产日期、保质期、储存条件、合格证标识等信息，化学品安全标签的内容应符合《化学品安全标签编写规定》（GB 15258—2009）的要求。到货数量应依据厂家到货单及实际申请数量进行核对，应对到货单中的名称、数量、规格、生产厂家等进行核对。

（二）质量验收要求

根据化学品、化学试剂对检测结果的影响程度，由技术负责人组织使用人员制定适合的质量验收标准。质量验收标准中需包含验收方法、验收标准、验收频次等内容，特别是痕量分析，应关注试剂空白对检测结果的影响，必要时制定相应的可接受标准。质量验收开盖后的化学品做好标识，在领用时优先使用开盖的化学品。

（三）记录要求

供应商评价资料及相关资质证明文件记录，试剂或标准样品的外观、数量、质量验收结果记录，入库登记记录，所有标准物质的标准物质证书均应予以保存。

（四）验收不合格处理

对验收不合格的化学试剂、标准物质，采取退换货或索赔措施，严禁不合格试剂和标准物质入库。

二、标准样品、试剂配制

试剂和标准样品配制应建立“统一配制、集中检验、溯源可控、整批更换”的试剂管理系统，公司应规范自动在线监测仪标液、试剂配制流程，由技术人员针对不同项目制定相应的配制规程，经技术负责人审批后实施。由实验室专业技术人员依据规程统一进行配制，确保提供配制适量的、质量可靠的化学试剂和标准溶液，保证测试结果的准确性、可靠性。

人员必须经相关培训，考核合格，持证上岗。

仪器设备、玻璃器皿类务必处于良好的管理状态，对影响计量的量器和衡器必须进行检定或校准，且保证在合格有效期内，公司应对检定或校准证书予以保存。玻璃器皿使用前进行漏液检验、挂液检验。容量瓶、移液管、烧杯、试剂瓶、玻璃棒、洗瓶、胶头滴管等所有器皿需进行清洗，使用前保证洁净干燥，见表 2-7。

表 2-7　试剂和标准样品配制常用物料及工具准备清单

序号	大类	名称	规格 / 编码	数量	单位	作用	备注
1	仪器	分析天平	0.000 1 g	1	台	称取药品	需检定合格
2		分析天平	0.001 g	1	台	称取药品	需检定合格
3		烘箱		1	台	烘干药品、器具	需校准
4		干燥器		1	台	保存药品	
5		磁力搅拌器		1	台	搅拌溶液	
6		超声波清洗机		1	台	溶解药品、清洗器具	
7		电炉		1	台	加热溶液	
8	工具	容量瓶	5 000 mL	1	只	配制溶液	需检定合格
9		容量瓶	1 000 mL	1	只	配制溶液	需检定合格
10		移液管	25 mL	1	根	配制溶液	需检定合格
11		移液管	20 mL	1	根	汲取溶液	需检定合格
12		移液管	10 mL	1	根	汲取溶液	需检定合格
13		移液枪	5 mL	1	把	汲取溶液	需检定合格
14		移液枪	1 mL	1	把	汲取溶液	需检定合格
15		洗耳球	30～50 mL	2	只	汲取溶液	
16		烧杯	5 000 mL	3	只	配制溶液	
17		烧杯	1 000 mL	1	只	配制溶液	
18		玻璃棒	25～40 cm	3	根	搅拌溶液	

续表

序号	大类	名称	规格 / 编码	数量	单位	作用	备注
19	工具	洗瓶	500 mL	1	只	配制溶液	
20		试剂瓶	1 000 mL	4	个	盛装溶液	
21		试剂瓶	100 mL	1	个	盛装溶液	
22		胶头滴管		1	只	定容	
23	耗材	标签纸		若干	张		
24		称量纸		若干	张		
25		滤纸		若干	张		
26		石棉网		若干	张		

环境要求：药品室、实验室、天平室须确保符合环境条件要求，并每天对环境条件予以记录。

操作规程：所配制的标液、试剂均应制定相应配制操作规程和出厂验证规程。

化学试剂和标准物质要求：经验收合格的试剂及标准物质方可使用。化学品和标准物质使用出库时，需填写领用记录，领用记录需体现领用日期、试剂名称、规格型号、批号、领用数量、领用人、保管人和用途等详细信息，保证领用过程可溯源。试剂和标准物质使用前，必须检查其是否在合格或准用有效期内。

实验用水要求：依据《分析实验室用水规格和试验方法》（GB/T 6682—2008）要求，实验室用水分为三级（表 2-8）。配制试剂或标准物质的用水应满足标准中三级水的要求，部分精密仪器或者痕量测试用水应满足一级水的要求，或使用新制备的蒸馏水。实验用水按该标准中要求进行日常监测，保证用水质量，用水检测记录应予以保存。实验用水出现异常情况时停止使用并追踪对评价前期出具结果是否有影响，同时第一时间通知技术负责人或者设备维护员，将异常结果记录并查找原因，启动不符合实验用水技术要求排查程序。

表 2-8　实验用水技术要求

参数	一级	二级	三级
pH 范围（25℃）	—	—	5.0~7.5
电导率（25℃）/（mS/m）	≤0.01	≤0.01	≤0.50

续表

参数	一级	二级	三级
可氧化物质含量（以 O 计）/（mg/L）	—	≤0.08	≤0.4
吸光度（254 nm，1 cm 光程）	≤0.001	≤0.01	—
蒸发残渣（105℃ ±2℃）/（mg/L）	—	≤1.0	≤2.0
可溶性硅（以 SiO_2 计）/（mg/L）	≤0.01	≤0.02	—

配制过程要求：水站设备所需的每种标液、每种试剂均应根据检测标准和设备使用要求，制定详细的配制操作规程。操作人员必须具备上岗证，并在试剂配制前仔细阅读试剂配制所有内容。化学试剂在制备和使用过程中，特别关注特定要求，包括其毒性、比热、空气和光的稳定性及与其他化学试剂的反应、储存环境等。配制时要求采取佩戴手套、口罩、防护眼镜和护裙等防护性措施，做好安全防护。

操作人员应严格按标准和配制操作规程进行标液和试剂的配制或标定工作，除检测方法规定的化学试剂的配制方法外，一般试剂配制必须符合《化学试剂 试验方法中所用制剂及制品的制备》（GB/T 603—2002）、《化学试剂 标准滴定溶液的制备》（GB/T 601—2016）的相关规定。试剂和标准样品配制过程应详细填写配制记录，配制记录需体现以下信息：成品试剂或标准溶液名称、成品试剂或标准溶液的批号、成品试剂浓度、成分信息、配制量、配制所用化学品或标准品名称、化学品批号信息和使用量。称量使用的天平应填写天平使用记录。

配制好的成品试剂及标准溶液统一用有防盗盖的试剂瓶进行分装，做好标准溶液、试剂的标签或标识，标签信息至少包括试剂名称、成品批号、成分、浓度、配制日期、配制人、有效日期等基本信息。标签或标识卡应始终处于可视位置。

所有配制过程产生的记录应妥善保管。

（一）前期准备

1. 清洗试剂瓶

（1）按照标准要求，使用和各个试剂相匹配的药剂进行反应，使试剂反应完全无残留；

（2）清洗之后，使用纯净水冲刷试剂瓶，经检测之后无药剂和清洁剂残留，放置试剂架上阴干使用。

2. 试剂购置

所有站点所需的试剂量应至少提前两周进行统计汇总，便于配置方采购试剂及其他材料，并完成试剂配制的相关工作，避免因时间仓促造成影响。

3. 耗材

（1）若打包过程中试剂箱未被填满，需用其他材料补充完整，以免内部试剂瓶倾倒使液体泄漏，造成损失及污染；

（2）打包后需在箱体正确粘贴“正面朝上”等字样，以免在运输途中发生倒置，造成液体流失等影响。

（二）试剂配制

1. 取药

确认人员及所需配制的药剂后，按规定领取相应药品，并填写药品领用记录，标注名称及用量。

2. 过程

根据运维机构 CMA 实验室试剂配制规程配制试剂，领取药品及称量后，转入烧杯溶解配制，用容量瓶进行定容，最后将全部溶液装至阴干的试剂瓶中，及时擦掉试剂瓶外壁上的液体，盖上内衬盖，倒立检查是否漏液。如不漏液，盖黑色瓶盖，检查试剂瓶及瓶盖是否破损，如果破损及时进行更换，并由专人对瓶盖进行加固，以防漏液。贴上标签并密封于各自箱中阴凉处保存。在配制过程中应及时填写《仪器使用记录》《成品试剂配制过程记录表》《成品试剂入库单》。

3. 装箱

各站点所有试剂均配制完成后，清点数量及试剂种类，并填写试剂装箱单，核对无误后于箱体表面标记站点名称，见图 2-23。

图 2-23 试剂库

（三）试剂备案

（1）检测室根据检测工作的需要，对试剂的需求情况提出申请，填写《供应品采购申请单》。采购申请单中应明确试剂的名称、规格、数量、技术要求、用途、需用时间等信息，报物品员，由科室负责人审核，总经理批准后进行采购。

（2）办公室根据使用部门提交的支持服务与供应商名单，对其技术能力、管理水平等各方面进行了解、调查，收集相关的证明材料，形成初选名单。根据收集的信息，组织相关科室对供应商的供货质量、质量保证能力进行调查，对供应商进行综合性评价，根据评价结果选择合格供应商并确定采购计划。

（3）易制毒化学品

①按照当地公安部门要求申请办理购买易制毒化学品备案证明申请手续，取得购买许可证或者购买备案证明后，方可购进易制毒化学品；

②必须选择有资质的供货商进行购买，并要求供货商提供相应的资质证明，对合格供应商的资质和评价资料进行归档和管理；

③购买过程中产生的各种记录、原始单据、购货台账、证明等按要求妥善保管，保存期限不低于 2 年，以便备查；

④采购人员负责要求供货厂家提供相应的技术材料。例如货物的品名、数量、标志、安全使用说明书（MSDS）等。

（四）试剂验收

（1）资料验收：进货单的规格、型号、数量、质量是否与计划和采购合同一致，合格证、生产许可证和其他质量证明手续是否齐全；

（2）实物验收：是否符合采购合同中所要求的品种、规格型号、技术要求、数量、标识、包装，外观有无变形、过期、破损等；

（3）必要和可行时，通过适当的检测手段，以确保满足检测方法的要求。特别是对于痕量分析，要关注试剂空白对检测结果的影响。必要时做试剂空白试验验证。可编制相应的符合性检查文件，如作业指导书、原始记录表格等。

三、标准样品、试剂验证

配制的试剂和标准样品应制定相应的出厂检验验证规程（图 2-24），并严格按验证规程进行成套试剂和标准溶液的出厂检验，合格则全部接收，不合格则全部作废处理。出现不合格后采用备份的合格试剂进行替换排查。验证应从以下方面实施：

成品试剂出库（首/二次）

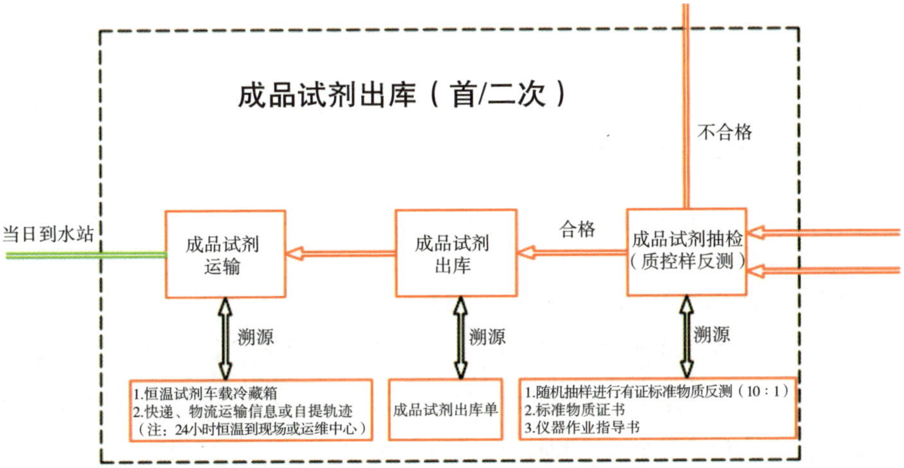

图 2-24　成品实际出库流程

（一）标签要求

配制的试剂和标准样品标签清晰完整，标签内容应包含：名称、浓度、配制日期、保质期、配制人员、批次信息。

（二）外观要求

配制完成的标准溶液、试剂颜色应无异常，除特殊试剂种类外，一般应无杂质、无沉淀、无悬浮物。

（三）技术指标要求

根据不同试剂和标准溶液的要求，一般应进行空白测试、标准溶液示值误差测试、标定 K 值和 R^2 值测试等，务必满足仪器要求。

（四）包装要求

成品试剂及标准溶液统一用有防盗盖的试剂瓶盛装，用自封塑料袋再进行分装，每袋不超过 3 瓶；自封袋内空气排空，自封袋紧贴瓶壁；需要发货的试剂和标准溶液均采用泡沫和纸箱内包装，外为木箱，包装齐整牢固。

（五）记录要求

实验室技术人员负责填写出厂检验验证报告，检验合格后方可出库，并在标准溶液、试剂标签上做好标记；检验不合格，实验室重新配制并进行复检，不合格试剂和标准溶液不予出库。

（六）成品试剂采检验证（标准物质反测）

按运维机构批次测试，从每个批次中随机抽取 1 整套成品试剂，用于 CMA 实验室出库用仪表（与现场仪表型号、品牌一致）质控样反测检测，填写《成品试剂标准物质反测抽检记录表》，见图 2-25，测试结果符合误差要求，则该批次成品试剂符合出库要求，否则，全套重新配制。

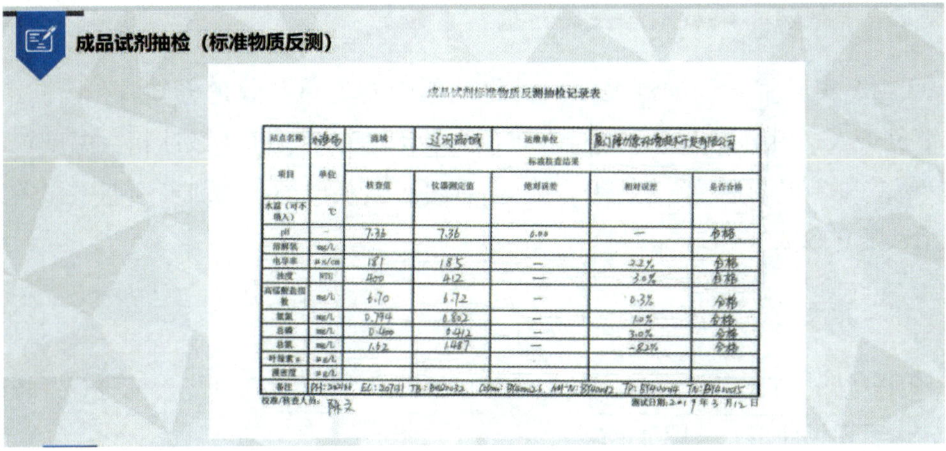

站点名称	[illegible]	流域	辽河流域	运维单位	厦门[illegible]有限公司
项目	单位	标液核查结果			
		核查值	仪器测定值	绝对误差	相对误差	是否合格
水温（可不填入）	℃					
pH	-	7.36	7.36	0.00	—	合格
溶解氧	mg/L					
电导率	μS/cm	181	185	—	2.2%	合格
浊度	NTU	400	412	—	3.0%	合格
高锰酸盐指数	mg/L	6.70	6.72	—	0.3%	合格
氨氮	mg/L	0.794	0.802	—	1.0%	合格
总磷	mg/L	0.400	0.412	—	3.0%	合格
总氮	mg/L	1.62	1.487	—	-8.2%	合格
叶绿素a	μg/L					
藻密度	μg/L					
备注	[illegible]					

校准/核查人员：陈文　　测试日期：2019年3月12日

图 2-25　成品试剂标准物质反测抽检记录表

（七）成品试剂出库

按批次成批出库，填写好《成品试剂出库领用单》，存档以备溯源查用，见图 2-26。

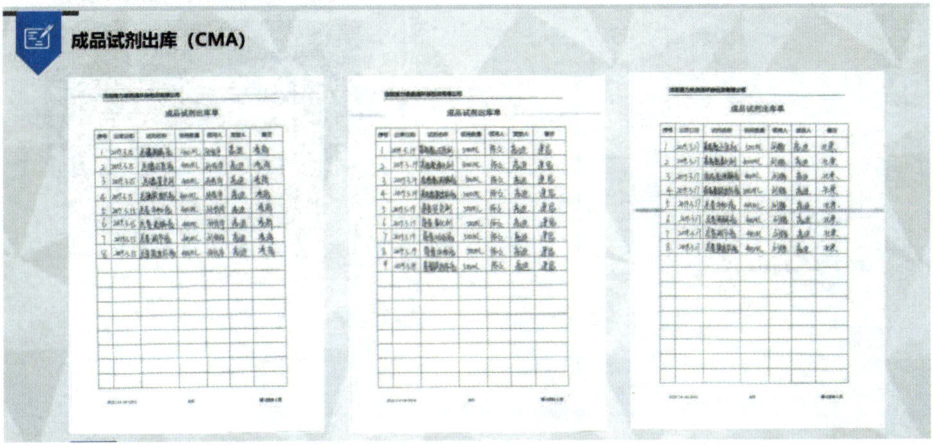

图 2-26　成品试剂出库领用单

四、标准样品、试剂配送

根据站点距离远近，采用如下两种方式进行运输。

（一）恒温车载试剂冷藏箱运输

CMA 实验室试剂配制完成后，将试剂配制清单及数量告知省（区、市）运维负责人，由负责人统一安排专车专人转运，车辆配备车载冰箱，温度控制在 0～5℃避光保存，要求领用后 24 小时内运输至现场，试剂未到期不得单独领用、随意存放。

（二）快递、物流运输

因疫情受困或道路偏远，优先采用专业物流（如德邦、顺丰、京东），将试剂转运至现场使用，见图 2-27。

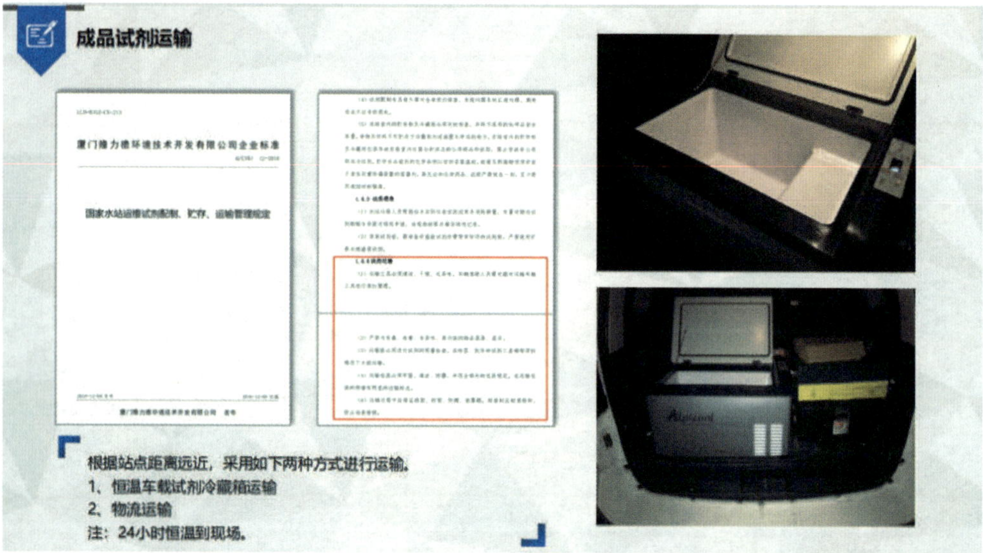

图 2-27　快递、物流运输

第五节　标准样品、试剂存储

（1）试剂入库前要将仓储室卫生清理干净，建立入库 / 出库登记制度，试剂及原料入库时要详细记录入库试剂的名称、数量、浓度、配制日期、有效日期、包装情况、质量情况等，并按入库的时间分类存放，做到先进先出，以免储存时间过长发生变质。

（2）试剂入库前应确保贮存场所通风良好、无霉斑、鼠迹、蝇虫，禁止存放无关物品以及生活用品。

（3）试剂应当分类、分规格，距离墙面、地面均在 10 cm 以上存放。

（4）试剂配制专员每天要对仓库进行排查，发现问题及时汇报处理，避免造成不应有的损失。

（5）实验室内的贮存柜及冷藏柜必须定时检查，并将不适用的化学品进行安全处置。食物及饮料不可贮存于冷藏柜内或放置化学品的地方。实验室内的贮存柜及冷藏柜仅供存放实验室内仪器分析涉及的公用药品和试剂，禁止存放非公用药品与试剂。贮存在冰箱内的化学品须以密封容器盛放。致癌及剧毒物质须存放于装有双重防漏装置的容器内并符合有关管理要求。易反应的化学药品、试剂严禁放在一起，至少使用遮挡材料隔离。

标准溶液、试剂由实验室指定人员负责保存，保存环境应根据标准溶液的特点配备相应的设施，如应考虑温度（20℃ ±8℃）、湿度（≤60%RH）、冰箱冷藏温度（4℃ ±2℃）、通风、避光等方面的要求。标准溶液、试剂存放地点应有明显标志，并妥善保存标准物质采购、使用等相关记录。

试剂一般保存期限见表 2-9。

表 2-9　试剂保存时间

序号	参数	试剂	保存环境	保存时间 /d	备注
1	氨氮	显色剂	常温，静置，无阳光直射	30	使用前静置不少于 8 h
2		屏蔽剂	常温，无阳光直射	30	—
3		清洗剂	常温，无阳光直射	90	—
4		标准溶液	常温，无阳光直射	30	—
5	总磷	显色剂	常温，无阳光直射	30	—
6		氧化剂	常温，无阳光直射	30	—
7		还原剂	常温，避光，密封	30	—

续表

序号	参数	试剂	保存环境	保存时间 /d	备注
8	总磷	标准溶液	常温，无阳光直射	30	—
9	高锰酸盐指数	高锰酸钾	4℃，避光	30	—
10		草酸钠	4℃，避光，密封	30	—
11		草酸钠标液	4℃，避光，密封	30	—
12		葡萄糖标准溶液	4℃，避光，密封	7	一般现用现配
13	总氮	氧化剂	常温，无阳光直射	30	—
14		碱溶液	常温，密封	30	—
15		酸溶液	常温，密封	30	—
16		标准溶液	常温，无阳光直射	30	—
17		氧化剂	常温，静置，无阳光直射	30	—

第六节　场所环境管理

一、备品备件备机库

运维机构根据站点运维数量配备足够的备品备件，且备品备件备机质量满足相关水站仪器设备维修保养需求，并建立备品备件备机台账，实现动态管理。

运维机构应为运维项目每 10 个站配备 1 套备机，建立备机库，备机库具有设备检修台、设备调试工具、设备测试空间等。

每 20 个水站应建立不少于 1 个备品备件备机库，并保证库房环境条件满足仪器设备及备品备件存放要求。备品备件备机库可设立在驻地办事处内。

运维机构应建立备品备件备机的申请使用流程，并保证备品备件备机满足应急响应需求，见图 2-28～图 2-31。

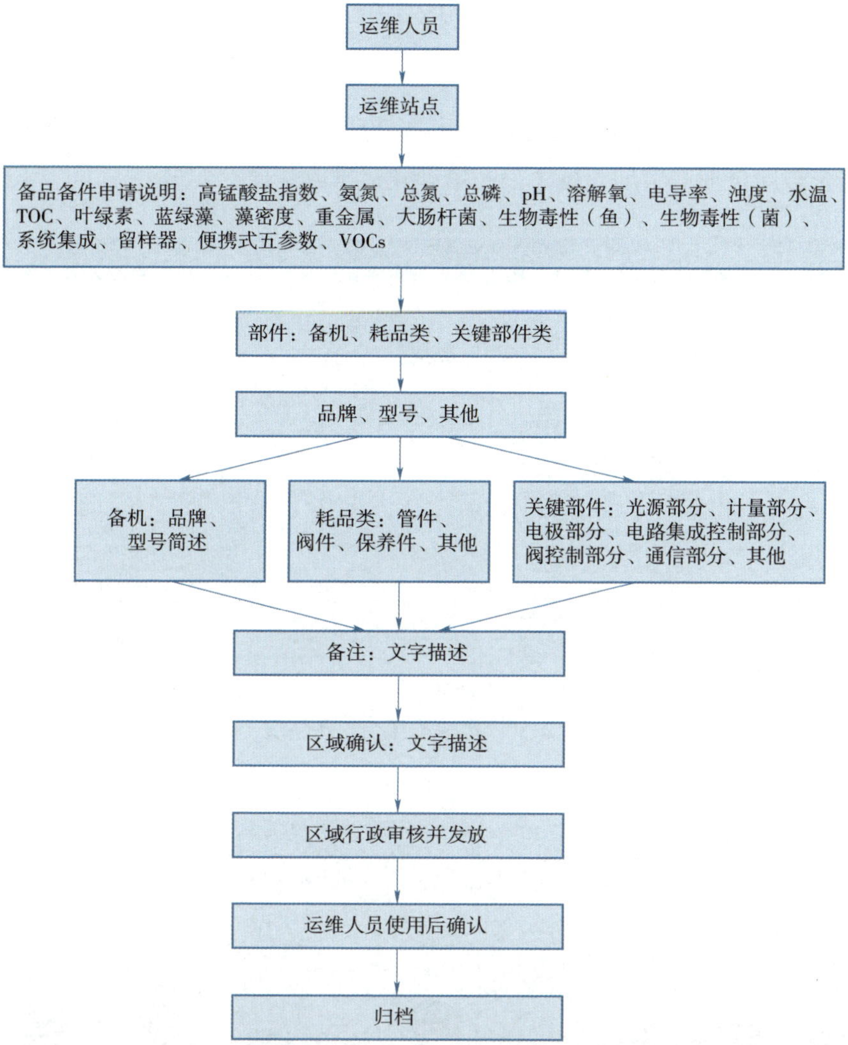

图 2-28　备品备件的申请使用流程

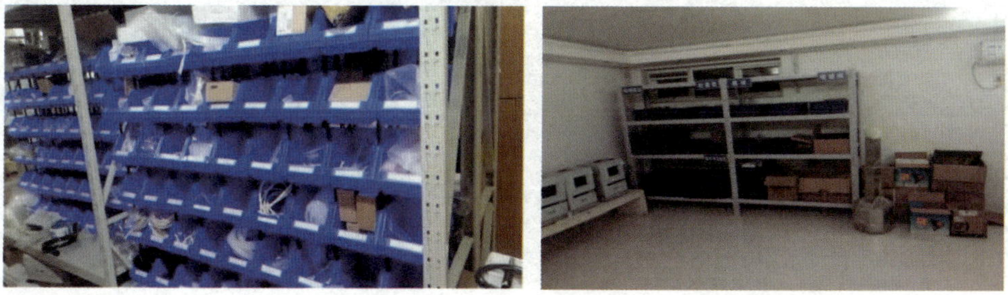

图 2-29　备品备件库

二、办事处

运维机构按区域设立驻地办事处，每 20 个水站至少建立 1 个驻地办事处。办事处应布局合理，满足人员办公、培训及运维物资储存要求。

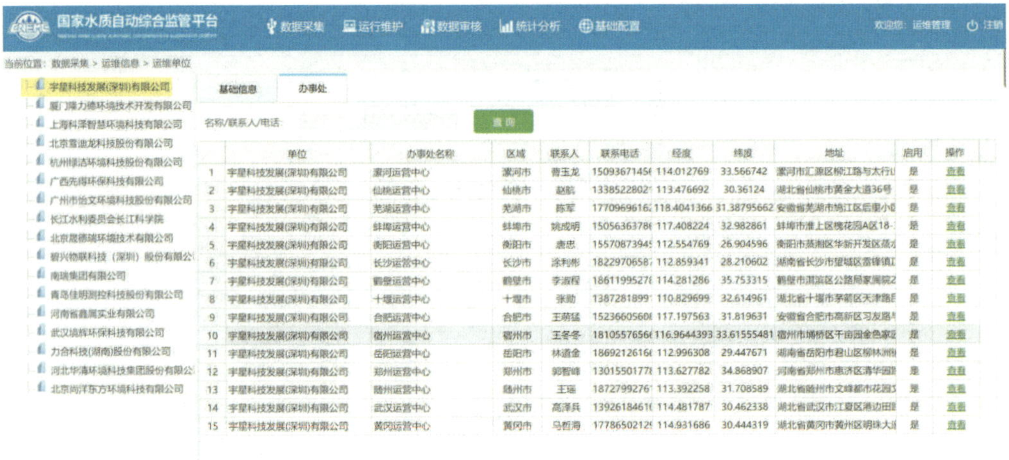

	单位	办事处名称	区域	联系人	联系电话	经度	纬度	地址	启用	操作
1	宇星科技发展(深圳)有限公司	漯河运营中心	漯河市	曹玉龙	1509367145	114.012769	33.566742	漯河市汇源区柳江路与太行山	是	查看
2	宇星科技发展(深圳)有限公司	仙桃运营中心	仙桃市	赵凯	1338522802	113.476692	30.36124	湖北省仙桃市黄金大道36号	是	查看
3	宇星科技发展(深圳)有限公司	芜湖运营中心	芜湖市	陈军	1770969616	118.4041366	31.38795662	安徽省芜湖市鸠江区后聚小区	是	查看
4	宇星科技发展(深圳)有限公司	蚌埠运营中心	蚌埠市	姚成明	1505636378	117.408224	32.982861	蚌埠市淮上区槐花园A区18-	是	查看
5	宇星科技发展(深圳)有限公司	衡阳运营中心	衡阳市	唐忠	1557087394	112.554769	26.904596	衡阳市蒸湘区华新开发区蒸水	是	查看
6	宇星科技发展(深圳)有限公司	长沙运营中心	长沙市	涂利彬	1822970658	112.859341	28.210602	湖南省长沙市望城区雷锋镇工	是	查看
7	宇星科技发展(深圳)有限公司	鹤壁运营中心	鹤壁市	李淑程	1861199527	114.281286	35.753315	鹤壁市淇滨区公路局家属院2	是	查看
8	宇星科技发展(深圳)有限公司	十堰运营中心	十堰市	张勋	1387281899	110.829699	32.614961	湖北省十堰市茅箭区天津路	是	查看
9	宇星科技发展(深圳)有限公司	合肥运营中心	合肥市	王萌猛	1523660560	117.197563	31.819631	安徽省合肥市高新区习友路	是	查看
10	宇星科技发展(深圳)有限公司	宿州运营中心	宿州市	王冬冬	1810557656	116.9644393	33.61555481	宿州市埇桥区千亩园金色家园	是	查看
11	宇星科技发展(深圳)有限公司	岳阳运营中心	岳阳市	林道金	1869212616	112.996308	29.447671	湖南省岳阳市君山区柳林洲镇	是	查看
12	宇星科技发展(深圳)有限公司	郑州运营中心	郑州市	郭智锋	1301550177	113.627782	34.868907	河南省郑州市惠济区清华园	是	查看
13	宇星科技发展(深圳)有限公司	随州运营中心	随州市	王瑶	1872799276	113.392258	31.708589	湖北省随州市文峰都市花园	是	查看
14	宇星科技发展(深圳)有限公司	武汉运营中心	武汉市	高泽兵	1392618461	114.481787	30.462338	湖北省武汉市江夏区港边田	是	查看
15	宇星科技发展(深圳)有限公司	黄冈运营中心	黄冈市	马哲海	1778650212	114.931686	30.444319	湖北省黄冈市黄州区明珠大道	是	查看

图 2-30　办事处平台报备情况

图 2-31　办事处现场照片

三、站房（分区管理）

运维机构对站房进行分区管理，除站房自带质控实验室、值班室、仪器间外，应合理进行分区并正确张贴标识；同时，对站房废液、固定资产存放、卫生工具、物资存放等进行分区管理，划分区域并张贴标识。

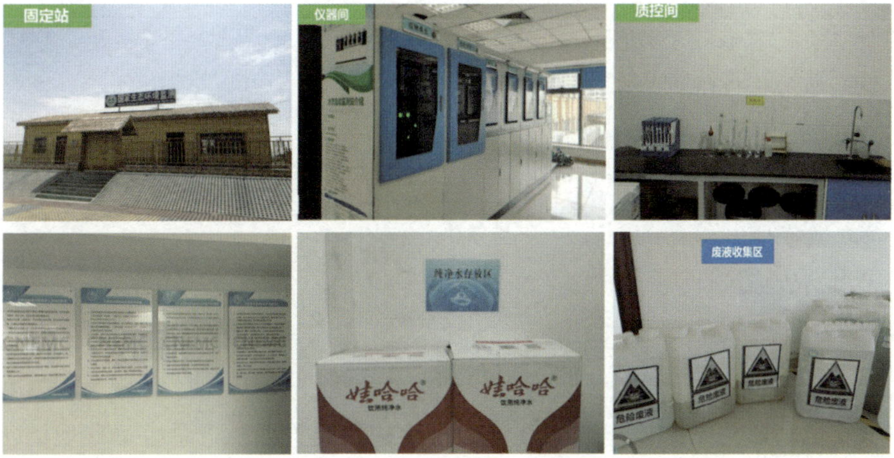

图 2-32　站房分区管理情况

第七节　档案管理

一、验收材料

水质自动站完成安装后，进行验收材料汇报，验收材料包含且不限于以下内容：

（1）站房和采水设施验收报告（浮船站除外）；

（2）水站地理位置、经纬度、周边支流汇入及污染源情况、水文情况、点位水系图等资料；

（3）水站监测点位论证报告（浮船站除外）；

（4）水站基础设施核查报告（浮船站除外）；

（5）水站安装调试报告（含功能检查报告、仪器设备调试记录、集成及辅助单元调试记录等）；

（6）系统集成及仪器关键参数记录表（主要包括集成采配水关键参数及仪器的关键参数和信息）；

（7）水站试运行报告；

（8）环境监测仪器质量监督检验中心出具的仪器适用性检测报告、仪器说明书及水站维护手册；

（9）水站运行维护方案及计划；

（10）水站技术档案，包括但不限于下列内容：

①现场仪器设备维护记录；

②系统集成及仪器的配置及关键参数记录；

③水站故障统计表。

二、记录存储

水质自动监测站站房建设档案、运行维护资料等纸质记录应留存现场备查，电子工单需准确填报。每月应对自动监测站监测数据进行数据拷贝、存档，见图 2-33。

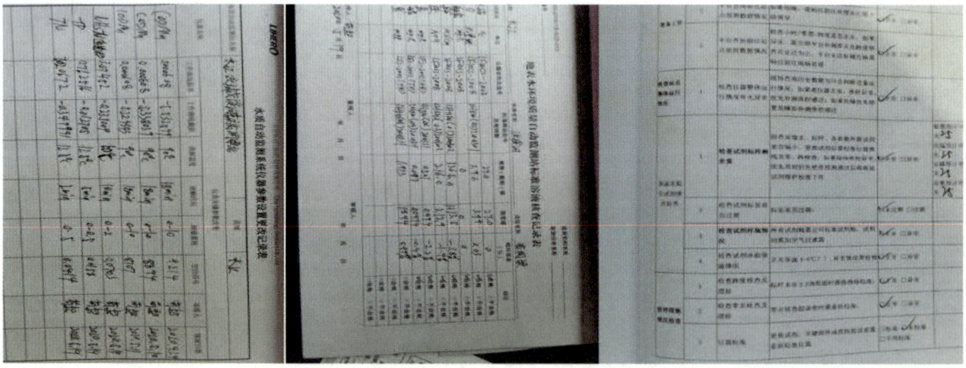

图 2-33　水质自动监测站纸质记录

三、仪器备案

运维机构将水质自动站在用仪器设备的关键参数报备总站（图 2-34），备案内容及要求如下：

（1）对仪器校准关键检测部件信号值的合理经验范围进行登记备案，如零点和量程校准时检测装置的吸光度值、电位值及滴定时间等与校准点浓度相关的信号值的合理范围，校准曲线斜率的合理范围等；

（2）为满足水样比对要求，消除系统误差，对仪器测量曲线斜率和截距的修正系数进行登记备案，如测量结果修正 $y=kx+b$ 中的 k、b 值等；

（3）对仪器分析测量过程中的控制条件进行登记备案，如消解时长、消解温度、显色温度、显色时长等影响测量结果的关键参数设置；

（4）对五参数仪器测量的水样置换时间、测量数据记录时间进行登记，对氨氮、高锰酸盐指数、总磷、总氮预处理方式和处理时间进行登记；

（5）对自动留样器超标上下限设置进行登记。

图 2-34　在用仪器设备的关键参数报备

四、资产登记

运维机构对水站现场的固定资产进行登记，包含停用 / 闲置资产、在用仪器设备、在用辅助设施、办公资产等，填报《水站固定资产登记卡》报送总站。

五、“一站一策”运维档案

运维机构建立水质自动监测站“一站一策”运维档案（图 2-35），对站点基础信息、水站上下游流域关系、周边污染情况、站房采水设计图及流程图、历年 pH、溶解氧比对情况、水站运行环境、水站仪器配置、仪器信息及仪器抗浊度能力、预处理设计及预处理抗浊度能力、运行质量、运行保障、运行状况、试剂及废液处理情况、历史水质变化情况、主要污染物指标、仪器关键参数信息等进行建档保存。

当内容发生更改和变化时，应及时修正并报备总站。

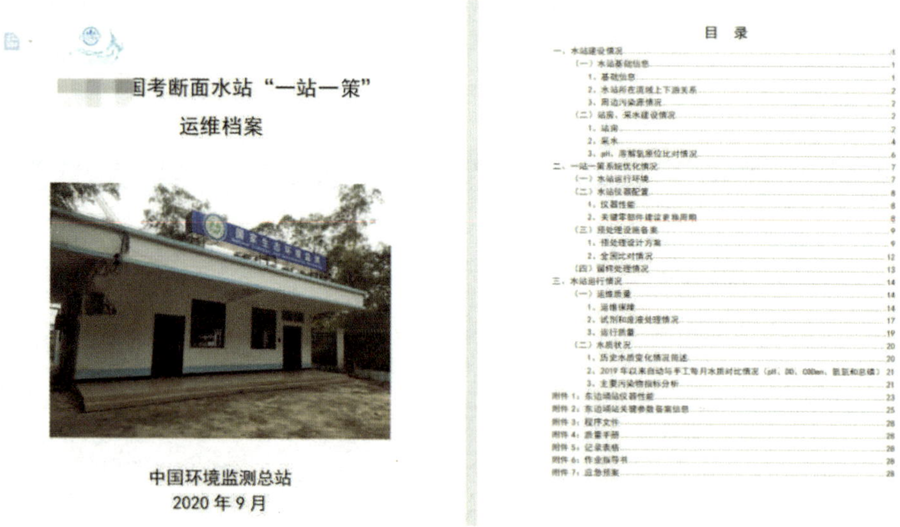

[redacted]国考断面水站“一站一策”
运维档案

中国环境监测总站
2020 年 9 月

目　录

图 2-35　“一站一策”运维档案

第八节　运维资源保障

一、装备保障

（一）备品备件

备品备件数量、质量应满足运维相关水站仪器设备维修保养需求。建立备品备件台账，实现动态管理。

为做好运维物资保障，建立三级备品备件库。运维机构应建立一级备件库；在片区服务网点建立二级备件库，主要存放日常运行、维护所需的全部耗材、备件；在水站内建立三级备件库，储备易损易耗件等，有效保障项目所需的运维物资。

（二）运维工具及物资

每个水站须按运维要求配备充足的维护工具和安防物资，满足水站运维、调试和维修保养需求，见表 2-10。

表 2-10　单个水站运维物资清单

序号	类型	工具名称	数量	备注
1	常用工具类	电工工具箱	1	包含螺丝刀、扳手、电工笔、羊角锤、卷尺等运维必备工具
2		万用表	1	
3		管剪刀	1	
4		管钳	1	
5		钢锯	1	
6		热熔枪	1	
7		烙铁、焊锡套装	1	
8		网线钳	1	
9		铁锹	1	
10		十字镐	1	
11		冰钎（凿冰器）	1	受冰封影响水站
12		手工采样器	1	
13	常用消耗类	电工胶带	若干	
14		生料带	若干	
15		防水自粘带	若干	
16		电缆线	若干	
17		PVC 胶水	1	
18		PVC 管材 / 接头	若干	

续表

序号	类型	工具名称	数量	备注
19	常用消耗类	钢丝绳	若干	
20		扎带	若干	
21		卡箍	若干	
22	清洁工具类	洗耳球	1	
23		注射器	1	
24		清洗刷	若干	
25		清洁剂	1	
26		废水桶	1	
27	调试工具类	移动硬盘（U 盘）	1	按需选配
28		网线测试仪	1	按需选配
29		RS458/RS232 串口转换器	1	按需选配
30		USB 转串口线	1	按需选配
31		全直连网线	1	按需选配
32		交叉网线	1	按需选配
33		全直连公母串口线	1	按需选配
34		双母交叉串口线	1	按需选配
35	劳保类	救生衣	2	
36		救生圈	2	
37		下水服	1	
38		雨衣	2	
39		护目镜	2	
40		橡胶手套	10	
41		白大褂 / 工作服	2	
42		安全绳	1	
43		绝缘手套	2	
44		口罩	5	
45		安全帽	2	

（三）执法记录仪

每位现场运维人员须配备一台执法记录仪，满足水站运维过程中质控、应急等关键环节的视频记录和存储需求。

二、运维准备

（一）备件与工具准备

（1）各水站站房内应放置一定数量的常用备品备件、耗材和维护检修所需的工具，以及安防物资；

（2）运维机构应在各个办事处建立备件仓库，按照不低于 10：1 的比例，常备一定数量的备品备件，以确保设备出现故障时，有足够的备品备件进行及时更换；

（3）办事处应安排专人负责备件、备机和工具的管理和保养，定期对库存数量进行统计，及时进行补充有缺口的设备；

（4）运维人员去现场维护前，应根据日志警报信息和近期运维的情况，提前做好工作安排，准备好可能需要用到的备件和工具；

（5）浮船运维和涉水处理问题时要准备好救生衣等救生物资。

（二）试剂和标样准备

（1）运维人员应熟知各仪器的试剂用量、配制方法、保存方法和有效期；

（2）每次现场例行巡检时，要记录好各试剂和标准液的余量，估算剩余时长。当仪器试剂和标准液余量不足使用一个星期时，运维人员要及时更换；

（3）仪器质控测试用的标样必须是有证标准物质；

（4）试剂配送应尽可能由监测水站或 CMA 实验室统一配制，并按季度配发，不具备统一配发条件的水站，由区域监测水站根据每个参数不同试剂的用量，按比例统一进行配制和更换；

（5）试剂配制前，要把试剂瓶（桶）洗净晾干，盛装试剂前应进行润洗；

（6）备用试剂应存放在水站专用的储存冰箱内，贴好试剂标签；

（7）各仪器标准溶液，应至少每月更换一次。应根据水质变化，及时调整标准溶液浓度；

（8）现场收到监测水站配送的质控样后，应及时在平台上查看是否有对应的证书；

（9）多点线性核查、曲线标定等操作所用质控样，应使用监测水站配发的同一批次质控样，不同批次不得混用。

（三）便携仪器的准备

1. 便携式仪器配备基本要求

每 2 个水站至少配备一套便携式五参数（水温、pH、溶解氧、电导率和浊度）监测设备，溶解氧便携监测设备应满足原位监测要求。便携式五参数设备性能应符合行业标准要求并通过计量检定（校准）。

2. 监测设备的检定

监测设备应在检定（校准）有效期内使用，有效期一般为一年。便携式设备信息需上传平台，运维机构安排专人定期通过平台检查便携式仪器的检定（校准）是否过期。到期前 15～30 天重新进行设备检定（校准），保证下个采样周期设备正常使用，检定（校准）完成后及时更新平台相关信息。

3. 设备使用前校准

每月采样前根据采样计划准备数量充足的监测设备，并校准 pH、电导率、溶解氧、浊度监测设备至符合要求，做好相关记录。

4. pH 仪器核查（校准）

按照 pH 计使用说明书操作步骤进行 3 点校准，并做好校准记录。具体操作步骤为：

（1）将电极洗净并甩干，浸入 pH=6.86 标准溶液中，待示值稳定后，按【确认】键使仪器示值为 6.86；

（2）取出电极在蒸馏水中洗净甩干，浸入第二种标准溶液（pH=4.00 或 pH=9.18）中；待示值稳定后，按【确认】键，使仪器示值为第二种标准溶液的 pH；

（3）取出电极洗净并甩干，再浸入 pH=6.86 缓冲溶液中。如果误差超过 0.02

pH，则重复（1)、(2）步骤，直至在两种标准溶液中都能显示正确的 pH；

（4）用标准溶液校准仪器时，每次更换标准缓冲溶液应用蒸馏水彻底冲洗电极并用滤纸吸干；

（5）仪器校准后应将电极用蒸馏水充分淋洗，然后用滤纸吸干，按仪器操作规程将其浸泡于装有指定溶液的保护帽中，保存待用。

5. 电导率仪器校准

（1）开机启动仪器，确认测试仪器可以正常开机，预热 10 min；

（2）零点校准：将电极浸入纯水，将指示值调整为零点；

（3）量程校准：将电极浸入电导率标准样品中，将指示值调整至标准溶液标准值；

（4）按照仪器操作规程完成仪器校准，注意开启温度补偿功能；

（5）用标准溶液校准仪器时，每次更换标准溶液时应用纯水彻底冲洗电极并用滤纸吸干；

（6）仪器校准后应将电极用蒸馏水充分淋洗，然后用滤纸吸干，保存待用；

（7）做好校准记录。

6. 溶解氧仪器校准

（1）仪器开机，等待仪器完成极化（极谱式电极），确保仪器能够正常工作；

（2）零点校准：将电极浸入无氧水，将指示值调整为零点；

（3）饱和溶解氧校准：将电极浸入饱和溶氧水或水饱和的空气中，在用磁力搅拌器搅拌（仅测定饱和溶氧水时）的同时，待显示值稳定后，测定饱和溶氧水或水饱和的空气温度（准确至 ±0.1℃），根据《水质　溶解氧的测定　电化学探头法》（HJ 506—2009）附录 A.1 中的饱和溶解氧浓度值调整显示值；

（4）根据所用仪器的型号，检查仪器的自动补偿功能情况。若仪器具有水温、含盐量、气压等自动补偿功能的，则直接进入测试步骤。若仪器不具备水温、含盐量、气压等自动补偿功能的，则应采用相应仪器测试获得当前水样的温度、含盐量和环境气压等参数，并输入到仪器进行检查，核对无误后进行下一步的水样测试。

7. 浊度仪器校准

（1）仪器测量前需要进行标定，并使用同一个浊度瓶进行测试；

（2）将零浊度水放入浊度瓶中，并放入仪器，合上盖子，按【零点 /0】键，仪器开始零点标定，屏幕显示两个光电池的电流值，稳定后零点校准自动完成；

（3）按【标定】键，进入标定状态，按【▲】和【▼】键选好第一标定液后，将盛放该浓度标液的浊度瓶按标线放入仪器，合上盖子，按【确认】键，仪器开始标定。标定结束后，仪器会显示下一个标样的浊度值，如需继续标定，则更换标准液，如不需要继续标定，按【取消】键结束标定，回到测量状态。

第三章 运维要求及过程管理

第一节　运维记录填报总体要求

运维记录填报是利用现代化网络信息技术，通过“国家水质自动综合监管平台”（以下简称“平台”）进行国控水站运维信息填报，可实现无纸化办公，便于对日常运维内容进行统计分析。平台填报既是对运维工作情况的实时记录，又为后续运维工作提供参考和依据，填报应及时、准确、真实，填报内容应能如实反映运维工作内容和现场情况。运维工作须满足运维技术规范的有关规定。具体职责为：

总站：制定国控水站运维平台填报规范性检查方案，组织开展平台填报培训工作，组织审核人员定期核查运维平台填报内容并及时反馈核查结果，对每月运维填报情况进行分析和总结。

运维机构：开展运维平台填报工作，组织运维平台填报技术培训，对运维平台填报情况进行检查。

运维人员：对当天开展的运维工作按照技术要求进行填报，包括巡检维护、试剂更换、耗材及配件更换、仪器设备检修、访客登记、废液处置、仪器校准、标准样品更换、仪器关键参数备案及变更、廉洁清单和停站管理等内容；对总站反馈的不规范填报内容及时整改。

第二节　日常运维

一、远程维护

（一）视频监控

（1）运维人员每月按照上旬、中旬、下旬例行查看 3 次视频监控，观察取水装置与设施（取样水泵、浮台等）工作状况，观察水站周边的水位、流量等水文情况，观察水站院落、站房、供电线路等周边环境；视频查看后，对存在的问题进行归类汇总，按照应急预案及时响应并上报至总站。

（2）运维人员通过视频查看非运维人员进站情况，如采访、参观、视察等，了解是否及时进行访客登记以及进站人员是否有异常举动、是否存在非法侵入行为等，并做好记录。

（3）数据异常情况时，运维人员应仔细查看仪表操作情况及室外采水情况，查看数据异常期间是否有外在因素影响并做好记录。

（4）在监控具备查看的条件下，运维人员须定期查看洪涝、台风等自然灾害情况，做好相关记录并上报至总站。

（二）远程控制

远程控制主要内容：

（1）运维人员应每天上午和下午两次通过远程查看水站监测数据和设备运行状况，对水站的整体工作情况进行监控，获取仪器设备关键参数，对站点运行情况进行诊断和记录，根据查看结果对监测数据进行审核并判断是否开展相应远程调试；

（2）通过远程控制，运维人员可对仪表进行校时、复位、测试、校准、清洗、24 小时零点漂移和量程漂移核查、标样核查、样品复测和留样等维护工作；

（3）运维人员按照运维计划，定期对各仪器进行校时、复位重启、自动清洗，确保系统正常运行；

（4）运维人员通过单参数、多参数图表查看最近一周各参数的水质变化趋势是否正常，分析最近一周各参数数据的关联性。当监测数据出现异常时，运维人员根据对应的系统日志、仪器日志、关键参数等信息，远程发送留样、标液核查、仪器校准、水样复测等命令，结合测试结果综合判断数据异常原因。一旦确定水质发生重大变化或仪器设备故障，运维人员应及时赶赴现场处理；

（5）总站通过平台对站点的运维情况及相关信息进行统计和评价，包括运维巡检频次、质控频次、故障响应情况、超标响应情况等信息统计，结合数据获取率、数据有效率等对水站的运行维护情况进行评价。

图 3-1 视频反控界面

二、现场维护

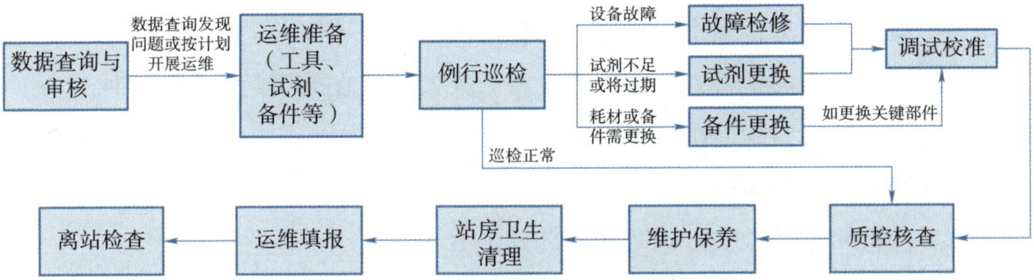

图 3-2 现场维护工作流程图

（一）运维禁令

根据运维管理要求，建立红线机制，对运维工作实施过程中不得触碰的行为进行通报与警示。应包括但不限于以下内容：

（1）严禁人为改变河流现状，人工干扰测量；

（2）严禁在未上报的情况下在工控机或数采仪上安装远程控制软件（Team Viewer 等）；

（3）严禁使用与技术规范和管理要求不符的容器，如矿泉水瓶等，盛装试剂、标准溶液等；

（4）严禁使用过期试剂或过期标准物质进行测试；

（5）严禁未向总站备案而变更监测点位；

（6）严禁人为篡改监测数据，干扰数据传输；

（7）严禁虚假报备；

（8）严禁人为修改仪器关键参数（温度、时间、截距、斜率等）；

（9）严禁未及时填报备案参数（标定后未在平台上填报标定信息等）；

（10）严禁私自运输或倾倒废液。

（二）巡检维护

1. 固定式水站站房检查

（1）检查站房门窗、门禁系统是否正常，外围设施是否破损；

（2）根据需要开启空调、采暖设施、排气扇，站房温度保持在18～28℃，相对湿度≤60%；

（3）检查站房是否漏水，烟感、温感探测器是否正常；

（4）检查灭火器是否处于有效期，将灭火器放置在站房门口附近显眼位置；

（5）检查站房内物件摆放是否整齐。

2. 浮船式水站船体检查

（1）检查船体是否完好，船体内部是否有积水；

（2）检查GPS信号是否正常，船体是否发生位移，有较大位移时要拉回指定位置；

（3）检查太阳能电池控制器的电量是否充足，太阳能板有无破损；

（4）检查温湿度、警示灯、漏水警报器等装置是否正常工作；

（5）检查摄像头是否朝向浮船踏板，工作是否正常；

（6）检查船舱门锁是否正常。

3. 采配水单元检查

（1）检查采水口水体颜色、浊度，采水泵或浮筒是否正常，采水口周边有无垃圾和漂浮物；

（2）检查采配水管路是否破损或漏水，伴热保温是否正常，冬季来临前及时开启伴热；

（3）通过单点控制，检查各部件（泵、阀等）工作是否正常；

（4）观察周期测试或紧急测试过程中，采水流程是否正常，五参数水箱、沉降箱、水样杯的进样和排样是否正常，取水压力是否在正常范围，各液位开关检测信号是否灵敏；

（5）检查超声波是否能正常工作，超声波过滤滤芯是否堵塞；

（6）检查自动加标模块内的标准溶液是否在有效期，加标时滴定泵是否恒温，加标管路有无气泡。

4. 数据采集传输与控制单元检查

（1）检查所有参数设备的通信状态是否正常，通信串口、网线、电源线连接有无松动；

（2）检查工控机（数采仪）与仪器的数据是否一致，与平台的数据是否一致；

（3）检查近期周期数据和系统运行日志是否正常，检查软件的工作模式、采水周期、沉降时间、微滤模块过滤阈值、自动加标、自动留样、废液处理等参数设置是否正常；

（4）检查平台网络连接是否正常，流量卡余额是否充足，VPN、路由器的工作状态是否正常；

（5）检查 PLC、中间继电器、交流接触器等部件的控制是否正常。

5. 分析单元检查

（1）检查各仪器运行状态是否正常、有无警报信息，近期数据是否正常；

（2）针对异常数据查看日志、详细数据、正常数据，分析异常原因；

（3）检查各仪器量程选择是否合适，工作曲线、空白值、关键参数设置是否正常；

（4）检查各仪器面板，液位管、电磁阀体是否正常，检测池有无漏液；

（5）检查各仪器试剂是否充足、是否过期，试剂标签是否规范，管路连接是否正常；

（6）检查五参数运行情况，参数设置是否正常，各电极工作状态是否正常。

6. **辅助单元检查**

（1）检查站房配电箱、供电线路是否正常，UPS 电源、稳压电压工作状态是否正常；

（2）检查试剂冰箱的温度是否正常，有无积水，试剂瓶是否加装了空气过滤塞；

（3）检查纯水机水箱的水位是否正常，纯水的电阻率是否在正常范围；

（4）检查留样器温度是否正常，是否结冰、漏水，蠕动泵管有无破裂，采样量是否达标；

（5）检查空压机、除藻装置是否能够正常工作，空压机的储气罐内如有积水，及时排空；

（6）检查废液处理装置是否正常工作，有无渗漏，收集桶的液位检测是否正常；

（7）检查视频监控是否正常，空间是否充足，摄像头是否正对站房门口、采水口、仪器间。

（三）试剂和标准样更换

（1）仪器试剂和标准溶液要按相关生产厂家推荐的更换周期定期更换，原则上更换周期不超过 3 个月；

（2）试剂保质期较长且具备在用试剂保存冰箱的，可适当延长试剂更换周期，但每月仍需对仪器进行校准。如无在用试剂保存冰箱，建议将同一批次的试剂放置在储存冰箱内；

（3）建议按照反应体系中不同试剂用量比例合理配置试剂量，使试剂消耗速度基本同步，有利于整套更换；

（4）更换试剂前要将试剂瓶洗净并用新试剂润洗，切勿将新试剂直接与旧试剂混合使用；

（5）为避免新的试剂存在问题，在更换不同批次试剂时，应先保留未用完的旧试剂；

（6）更换试剂时，要控制好试剂管的长度，使管嘴刚好位于瓶底；

（7）试剂更换后要及时更新试剂标签，并注明试剂名称、浓度、更换时间、有效期、配制人等信息；

（8）更换不同批次试剂后，为尽可能降低管路中原来残留的试剂对测试结果的影响，应控制仪器对管路多次润洗，再运行一次空白或标准溶液测试流程，使仪器快速达到稳定状态；

（9）严禁使用矿泉水瓶装试剂和标准溶液；

（10）试剂更换后，要填写对应的试剂更换记录、校准记录。

（四）耗材及备品备件更换

（1）运维人员应根据设备仪器维护要求，定期对各个单元的耗材与备件进行更换，确保系统和仪器长期稳定运行。

（2）水站现场应存放一些常用的、成本较低的耗材，方便运维人员及时更换。不常用的、成本较高的耗材和备件，应存放在备件库。备件库要有专人管理，做好备品备件的采购申请、领用、入库及出库登记。

（3）仪器更换关键部件（计量装置、反应单元、检测装置等影响仪器性能的部件）后，要对仪器进校准和核查。

（4）常见耗材与备件的更换周期如表 3-1 所示。

表 3-1　常见耗材与备件更换周期一览表

设备或单元	耗材 / 备件名称	更换频次	备注
分析单元	柱塞泵 O 形圈	每季度	
	样品管	每季度	
	试剂管	每年	
	蠕动泵管	每季度	
	搅拌子	每年	
	氨气敏电极液、电极膜	每季度	
	氨气敏电极	每年	按需更换
	ORP 电极	每年	按需更换
	紫外消解灯	每年	按需更换
	TN 消解池	每年	按需更换
	溶解氧膜头	每年	按需更换
	pH 玻璃电极	每年	按需更换

续表

设备或单元	耗材 / 备件名称	更换频次	备注
采配水单元	分析仪进样过滤器 / 滤膜	每周	可根据水质情况适当降低频次
辅助单元	纯水机滤芯	每年	
	废液处理滤芯	每年	装有废液处理装置的
站房	灭火器	每年	过期更换

（5）部件更换要求：

①需明确填写更换部件名称、时间、是否关键部件、数量及更换原因；

②更换部件后需在平台上传新旧部件照片；

③更换关键部件后需上传多点线性测试照片或备注平台多点线性测试时间，必要时应开展实际水样比对，并尽快上传报告。

注意事项：总站对 1 年内未更换过任何备件的水站进行检查。

（五）仪器设备检修

1. 仪器设备检修流程

（1）运维人员在进行现场维护时，应检查各仪器设备是否存在故障，优先对故障进行处理。

（2）发现故障时，应通过查看日志信息、维护经验、观察和分析流程等方式排查故障原因，并在规定的时间内修复正常（8 小时响应，24 小时内修复，48 小时内无法修复需上备机）。更换不同分析方法的仪器，应向区域项目负责人汇报，对关键参数进行修改报备并及时向总站报备。

（3）为确保仪器彻底修复，故障检修后应对仪器进行校准及标样核查后，再进行水样测试。

（4）故障检修后，应将设备的线路、管路还原，若对仪器的主要部件进行更换，还应进行多点线性核查。

（5）检修过程中更换下来的所有部件，需在运维机构的云平台或记录上销核库存，并在一个季度内返回运维机构总部。

（6）仪器故障解决后，应及时在平台上将仪表状态勾选至“正常”状态。

（7）故障检修后，应填写故障检修记录，必要时向运维机构总部和总站提交报告。

2. 故障检修常用方法

（1）直观法：通过仪器的警报信息，一般可以直接判断故障原因，对于不能直接判断的，可以通过仪器日志、正常数据进行分析，再通过流程观察来判断；

（2）咨询与讨论法：对于难以判断和检修的故障，可通过电话向运维机构区域售后专员请教，或者在相关工作群内讨论，为方便快速诊断，应仔细描述故障现象、自己的分析过程和所做的工作；

（3）排除法：根据设备的控制原理对故障进行分析，对相关的电路模块、模块功能、故障点进行逐个排查；

（4）比较法：将可能引起故障的电路模块、部件，与旁边其他仪器或其他站点的仪器进行比较，找到故障点；

（5）替换法：准备好可能要用到的备件，将可能引起故障的电路模块、部件直接替换掉。

（六）清洁维护保养

1. 清洁工作

为保障系统和仪器正常运行，运维人员应参考表 3-2 的频次要求，定期对各仪器和组成单元进行清洁维护。

表 3-2　仪器组成单元清洁周期

设备或单元	清洁工作	清洁频次	备注
分析单元	样品管清洗	每月	
	清洗仪器液位管、试剂管、电磁阀、反应装置	每季度	
	五参数电极清洗	每周	可根据水质情况适当降低频次
	废液收集、处理	每月	交给有资质的单位处理
采配水单元	水样杯、水箱、沉降池清洗	每周	可根据水质情况适当降低频次
	刷洗采水泵或浮筒，清理采水口周边的杂物和杂草	每月	可根据实际情况适当降低频次
辅助单元	线路、管路清洁和整理	每月	

续表

设备或单元	清洁工作	清洁频次	备注
辅助单元	留样器内部和留样瓶清洗	每月	
	清洗纯水机水箱	每季度	
站房	打扫站房卫生	每周	
	全面清理站房周边杂物、杂草	每季度	
浮船	清理过滤水箱	每周	
	清理船体、太阳能板、船仓内部	每月	
	清理浮船周边杂物和杂草	每月	

2. 站房

固定式水站：

（1）每周巡检维护后要打扫站房卫生；

（2）每季度做一次大扫除，并清除站房周边杂物和杂草；

（3）每年根据需要对灭火装置进行保养或更换；

（4）每年做一次防雷检测。

浮船式水站：

（1）每周对浮船的五参数探头和过滤水箱进行清洗；

（2）定期清理浮船周边杂物和杂草；

（3）每月对船体、太阳能板、船仓内部进行清理；

（4）定期对发电机和蓄电池进行保养，长时间阴雨天时，要及时充电。

3. 采配水单元

（1）每月对采水泵或浮筒进行刷洗，清理采水口周围的杂物和杂草；

（2）每周对水样杯、水箱、沉降箱进行清洗，每月对超声波滤芯（如有）、液位开关进行清洗；

（3）每月对加标模块内的标液进行更换；

（4）根据水质和浊度情况，定期对滤芯 / 滤膜进行清洗或更换。

4. 数据采集传输与控制单元

（1）每月对工控机（数采仪）、VPN、路由器等设备进行断电重启，对工控机杀毒、对磁盘进行清理，确保稳定运行；

（2）每月对工控机系统、PLC 程序、基站数据库和仪器数据备份，防止损坏或丢失。

5. 分析单元

（1）定期对试剂和纯水进行更换（一般每月更换一次，也可根据实际需求更换）；

（2）定期对仪器进行空白校准、标样核查，或对仪器进行标定（建议在更换试剂后进行校准）；

（3）无废液处理单元的站点，需定期对废液进行收集，防止废液溢出腐蚀仪器。废液收集一定量后，委托具备资质的单位处理；

（4）每月对仪器采样管路进行清洗或更换，每季度清洗仪器液位管、试剂管、电磁阀、检测池；

（5）定期更换仪器耗材，根据需要对备品备件进行更换；

（6）每周对五参数水箱和电极进行清理，每月进行标样校准，根据需要更换电极探头。

6. 辅助单元

（1）定期对站房线路、管路进行清洁和整理；

（2）每季度清洗一次纯水机（如有）水箱，至少每年更换一套纯水机滤芯；

（3）每季度更换废液处理装置（如有）的碱液，保证处理效果，每年更换废液处理装置的滤芯；

（4）每月对留样器内部进行清理，对留样瓶内部进行清洗。

7. 其他维护工作

（1）数据备份

每月对监测数据进行一次备份，备份数据单独存储。

（2）长时间停机维护

当分析仪需要停机 48 小时或更长时间时，关闭分析仪器和进样阀，关闭电源；用纯水清洗分析仪器的蠕动泵以及试剂管路，清洗测量室并排空；再次运行时运维人员对仪器进行重新校准，并进行一次多点线性检查。

（3）备机维护

每月对备用仪器进行一次校准和标液核查。如核查结果不符合性能指标要求，重新进行一次校准和核查，6 小时内如仍不符合指标要求，则进入维护状态。

8. 废液收集与处理

运维机构应对水站产生的废液按国家相关管理规定及内部管理办法，规范收集、记录、存放、转运，保障安全贮存处理。废液收集处理管理详细说明如下：

（1）水站站房应设立危废存储区，存储区应按照规定设置废液废物识别标志，废液桶应贴上废液专用标签，应配置相应的存放废液的托盘，防止扬散、流失、渗漏等。

（2）运维人员应将测试产生的废液按设备分类统一倒入指定的废液桶内存放，建立废液台账，记录收集时间、重量及种类。

（3）禁止把不同设备的废液混合收集到同一废液桶内，非设备监测产生的废液禁止倒入废液桶内。

（4）废液桶盛装到离桶口约 5 cm 处，应停止收集。

（5）存放废液桶时，应拧紧桶盖，贴标签位置应统一朝外，整齐摆放。

（6）废液转移单需放置现场备查。

（7）水质自动站分析仪器产生废液应按规定收集，并在桶上明确标识，酸碱溶液分桶盛放，属于危险化学品的，应按照《危险化学品管理条例》的规定收集储存，并由有资质单位处理处置。

（8）对于有废液处理装置的水站，应将所有仪器废液管连接入废液收集桶，中和用的碱液桶中应及时添加碱液，并确保蠕动泵可以正常工作。废液处理装置的滤芯必须定期更换。更换下来的滤芯需要交给有资质的单位进行处理。

（9）浮船站均不具备废液自动处理仪，均在现场配备废液收集单元，满足两周以上废液量的收集，现场对废液存储量进行如实记录，定期由有资质的废液处理公司转运处置。

9. 离站检查

（1）站点巡检维护完成后，在离站前应对系统和仪器的运行模式进行检查，确保系统和仪器处于正常工作模式，仪器操作界面处于主界面；

（2）如果对仪器进行过维护操作，离站前还应检查水样测试数据是否正常，与维护前是否大致相同；

（3）检查仪器试剂余量是否充足，试剂标签是否规范，试剂管口是否位于瓶底且不翘起，试剂冰箱温度是否正常，水样管能否正常取到水样；

（4）检查空调、采暖设施是否正常开启，水龙头、电灯、门窗是否关好；

（5）离站前检查水泵、球阀、手阀等是否处于正常状态，控制面板的旋钮是否恢复到正常状态，检查液位开关是否正常；

（6）离站前检查数据采集传输与控制单元各项通信及数据传输是否正常。

第三节 日常维护填报要求

一、巡检维护工单

（1）每次巡检填报应上传维护照片，至少包括采水口、仪器间、站房外景和视频监控的照片。维护的内容应用照片体现，如工单上选择了清洗采样杯，应上传清洗前后照片。

（2）巡检记录应当天填报，若连续多天进行巡检维护，可以在巡检完成的当天统一填报。

（3）每周（或每个质控周期）至少将所有巡检项进行 1 次完整填报，如多次巡检可根据实际情况进行填报（含完全停运的水站，不具备巡检条件的浮船站或无法补测的水站可采用视频巡检或降频巡检）。

（4）对平台填报选项未覆盖的工作内容和巡检发现的异常情况应进行文字描述，突发的特殊情况应及时向总站报备。

二、仪器设备检修工单

（1）需上传检修前后照片。

（2）需明确填写仪器维护设备名称、维护时间、故障发生时间、故障现象描述、故障处理过程及结果、正常投入使用时间等内容。

（3）如对关键部件进行检修，视情况进行多点线性核查。

（4）注意事项：

①若运维人员发现仪器设备异常，需在巡检工单中将仪器设备状态勾选为

“异常”。若检修仪器设备为九参数设备，则需同时填写仪器设备检修工单，否则仅填写巡检工单即可。

②因仪器不稳定导致质控不合格，运维人员对仪器进行重新标定而填写仪器设备检修工单的情况必须规范。

三、校准工单

（1）仪器校准应填写校准时间、校准参数、校准原因、标液浓度及其对应的信号值、校准后的斜率和线性相关系数；

（2）应上传仪器校准前后的关键参数照片；

（3）远程校准时无现场仪器照片，下次巡检时拍照发送给总站数据审核员；

（4）注意事项：

①常规五参数关键参数界面显示校准时间、曲线系数、标液浓度、仪器参数等信息与高锰酸盐指数、氨氮、总磷、总氮略有不同，若相关信息无法显示可不填写；

②上传非关键参数界面，例如历史数据、工作日志界面等，无法显示曲线方程、斜率等参数的，均属不规范图片。

四、标准样品更换工单

（1）标准样品应为有证标准物质，需填写证书编号、配样浓度、试剂体积、配制时间、有效期和更换原因；

（2）应上传更换前后标准样品的照片，标准样品标签应包含试剂名称、配制浓度、配制人、配制时间和有效期；

（3）注意事项：

标签字迹模糊不清或仅上传标签，均属于不规范。

五、仪器关键参数备案及变更工单

1. 关键参数备案要求

（1）所有仪器关键参数均需进行备案登记，根据不同量程进行关键参数范围录入；

（2）日零点核查、跨度核查、月质控多点线性核查、盲样核查、水样测试等必须上传关键参数，在同一条工作曲线（k、b 值相同）且与平台反算结果匹配；

（3）其他关键参数每次上传原始值后会与平台备案的关键参数进行匹配（消解时间，校准时间等）；

（4）零点核查 / 水样测试不允许屏蔽负值；

（5）每个上传的关键参数应在平台备案的区间内。

2. 注意事项

特殊情况下导致零点核查、跨度核查、水样测试不在同一条工作曲线的，运维人员应向总站数据审核人员报备，并及时进行调整。

六、廉洁清单工单

（1）每月首次填报巡检维护工单前需先填报廉洁清单；

（2）填报须真实，填报频次为每月 1 次。

七、上传照片要求

（1）照片应大小适中、拍摄清晰、主题突出、拍摄画面一目了然；

（2）照片应带水印，包含站点名称、经纬度、拍摄日期和时间；

（3）涉及更换、清洗等作业时，需在照片中注明作业前和作业后，以体现作业过程（如清洗前和清洗后），见图 3-3。

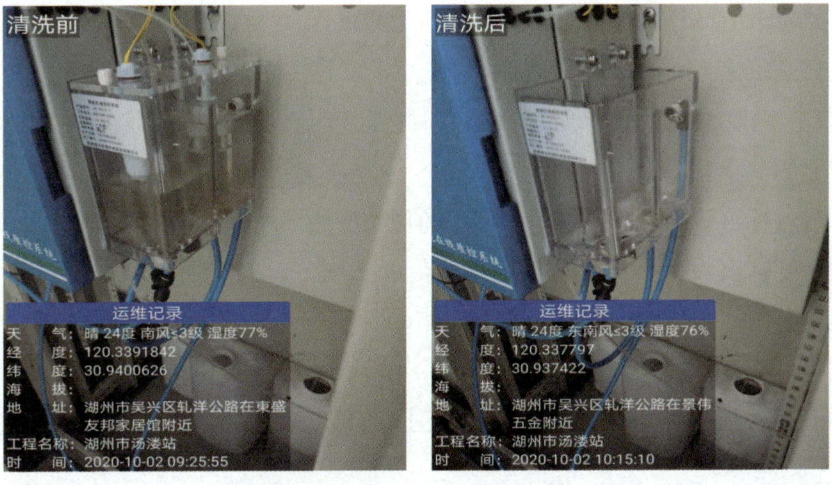

图 3-3　样水杯清洗前后照片

八、特殊情况的巡检填报处理

特殊情况巡检填报方式见表 3-3。

表 3-3　特殊情况巡检填报方式

特殊情况	填报解决方法
天黑后无法拍到取水口照片	在填报时进行备注
饮用水水源地，无法经常靠近取水口	用最近一次取水口照片替代，并在填报时备注
巡检时间过晚	可于次日中午 12：00 前填报，并在备注里说明
因不可抗力导致无法巡检（浮船站）	采取视频巡检，在填报时进行备注

第四节　质控填报要求

一、日质控

当跨度、零点核查标液浓度或跨度核查标液浓度发生变化时，需及时在平台上进行设置填报。

①跨度设置：当监测项目的水质类别为Ⅰ～Ⅱ类时，跨度范围最大值通常采用Ⅱ类水质标准限值的 2 倍；水质类别为Ⅲ～Ⅴ类时，跨度范围最大值通常采用水质类别标准限值的 2 倍；总磷（湖、库）Ⅰ～Ⅲ类水跨度范围最大值通常为 0.2 mg/L；当监测项目无水质标准限值时，跨度范围最大值为监测项目上一周水质平均值的 2 倍。

②零点标液设置：测试浓度为跨度值的 0～20% 的标准溶液。

③跨度标液设置：测试浓度为跨度值的 20%～80% 的标准溶液。

二、周核查

（1）两次周核查填报间隔时间不得小于 4 d，周核查浓度需在平台上进行设置填报；

（2）pH 选用 25℃时，pH 为 4.01、6.86、9.18 左右的标准 pH 缓冲溶液进行核查，每月至少开展两个不同浓度的标准溶液核查，标准溶液应使用有证标准物质配制；

（3）溶解氧每月应进行无氧水核查和空气中饱和溶解氧核查；

（4）电导率和浊度每月应采用与监测断面水质监测项目浓度相接近的标准溶液及其 2 倍左右浓度标准溶液进行核查；

（5）注意事项：

①因遇特殊情况，当月仅能开展 1 次周核查时，可只采用 1 个浓度标准溶液核查；

② pH、电导率、浊度需使用有证标准物质进行核查。

三、月质控

对需开展月质控的站点，月质控措施应尽早完成，并在当月内完成填报（含数据录入、上传实际水样比对报告等），与上一次的间隔时间范围不再做强制要求。

第五节　停（复）站填报要求

一、停（复）站总体要求

（1）停站应客观、真实，并在相关技术要求的允许范围内停站；

（2）停（复）站填报需及时、客观、准确填报停站起止时间（复）站开始时间、停站原因，描述内容应简洁、明了；

（3）跨月停站应按照相关要求及时进行停站填报和开展复运。

二、停（复）站填报规则

（1）停运申请不能超过一个自然月，申请水站停运，恢复运行时间最迟选择当月最后一日 23：59。如当月最后一日未进行复站操作，平台将自动从次月

0：00起对停运状态进行清零。次月仍需停运的水站，运维机构需在次月1日重新填写停运申请，并在一周内上传佐证材料。

（2）停站应上传证明材料，如无法提供证明材料的运维机构可以根据实际情况进行说明，说明文件需加盖公章。

（3）注意事项：停运时间较长的水站按照总站要求开展补充监测。

第六节　巡检填报检查流程

运维机构作为运维填报的一级检查，需建立运维填报的检查机制，若发现存在运维填报不符合规范的情况，应及时更正并积极开展运维填报方面的培训，提高运维人员的填报水平。

总站数据审核人员作为运维填报的二级检查方，要切实掌握审核站点的运维填报情况，督促运维人员对检查发现的问题进行整改。

总站将不定期对检查和整改情况进行通报和相关处罚，见图3-4。

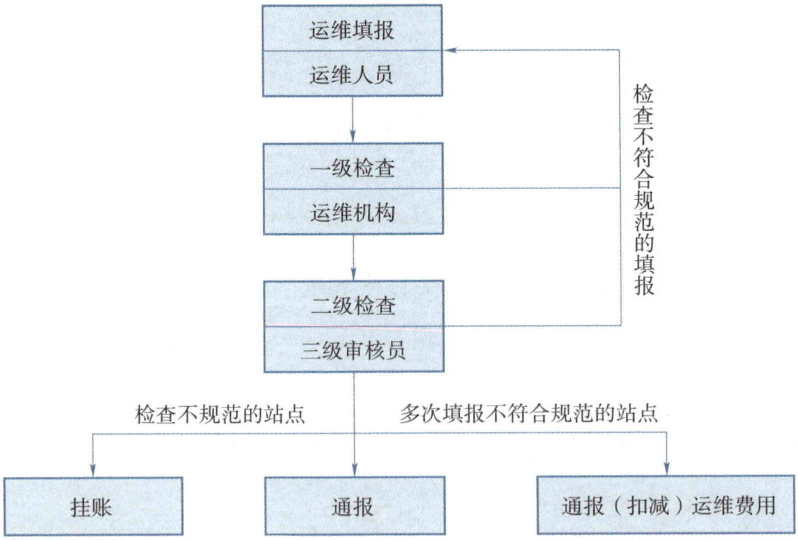

图3-4　运维填报检查流程图

第七节　异常处置流程

一、数据异常识别与排查

运维人员对站点进行远程或者现场巡检发现异常数据或者超标报警情况时，需要根据异常数据识别手册判断异常数据类型，根据不同的情况采取不同的处理措施，异常数据大致可分为仪表系统问题、采水问题、水电网问题以及水质问题。数据标识见表3-4。

表 3-4　数据标识

标记代码	标记说明	数据是否有效
ZF	零值异常	否
Z	取水点无水样	否
WQW	水质明显变差	否
WQB	水质明显好转	否
T	超上限	是
S	手工输入数据	否
QCF	质控失败	否
P	UPS 供电	是
OVS	离群偏小数据	否
OVL	离群偏大数据	否
N	正常	是
M	维护调试数据	否
LRF	不符合逻辑关系	否
L	超下限	是
KPF	关键参数异常	否
hd	现场启动测试	是
F	仪器通信故障	否
D	仪器故障	否
CF	恒值不变	否
B	仪器离线	否

（1）当平台上传水样数据后，在数据后无任何标识则认定数据为（N）正常数据。

（2）当平台上传水样数据后，在数据后标识为（T）、（L）时，需前往现场对仪器的测量量程设置进行检查，必要时需更换量程并对仪器重新进行校准。

（3）当排查异常数据为系统仪表问题时，此情况通常会出现仪表报警，当平台上传水样数据后，在数据后显示标识为 D（仪器故障）、P（电源故障）、F（通信异常）、B（仪器离线）时，现场应在 8 小时内完成仪器设备故障排查，24 小时内解决故障，无法修复的，应当在 48 小时内使用备机或移动监测车开展监测。

（4）当异常数据为采水问题时，此情况平台上传数据标识通常为 Z（采水点无水样），现场需要进一步排查采水故障的类型，如是采水管路或者采水设施损坏，需要联系当地监测站共同排查修复；如是水位下降或者河道断流原因，需按照如下步骤进行处理：

①出现水位下降且影响采水情况时，现场维护人员需要分析判断水位下降引起的站点无法采水是否可以通过维修恢复正常，并采取相应的措施。

②如现场采水可通过维护解决，在不影响航道的前提下增加采水管路长度，或者将采水浮筒向河道中心迁移，使采水恢复正常。运维人员应根据实际情况联系当地生态环境部门，共同制定修复方案，尽快恢复采水。

③在水位下降无法修复时，启动 / 停运程序，运维人员现场进行留证并填写停运报告，停运报告经过盖章后发送至相关部门。停运期间按照总站任务安排开展补充监测直至国控水站恢复正常运行，同时应对水站自动分析仪表进行定期维护。

④当河道完全断流后，站点申请停运，并且无法进行手工补测，需要对站点内仪表进行关机处理或者定期进行相关维护。当水位满足启运要求时，运维人员应对水站整个系统、仪表以及采水进行检查，然后申请站点启运，填写相关报告。根据水站停运时长开展对应的质控措施，如标液核查、仪器校准、多点线性核查、集成干预等。

（5）当平台上传水样数据后，在数据标识为（S）、（M）、（hd）时，此类标识标记的是现场运维人员必要的质控操作。此类数据均为质控数据，针对质控数据时有效，但不记为水样周期数据，需在次日的数据审核中视其标识无效，见图 3-5。

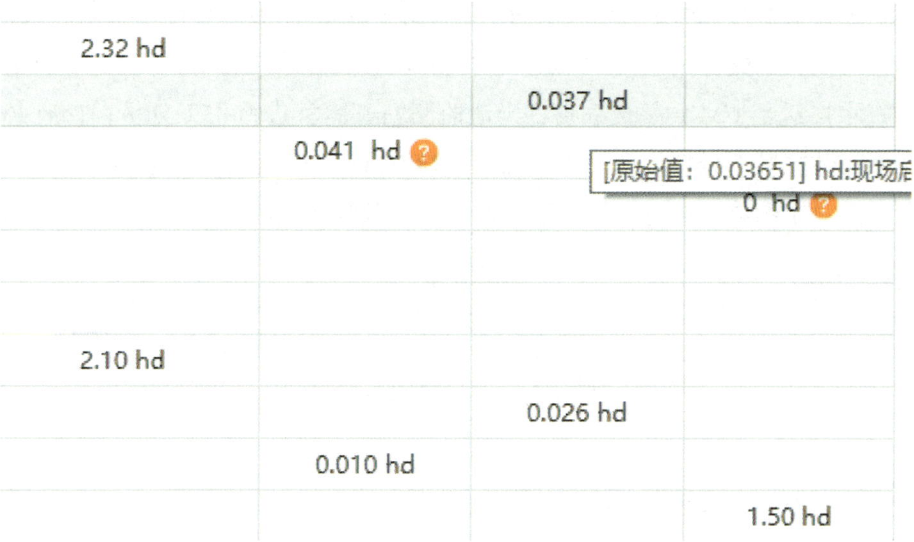

图 3-5　质控数据标识

（6）当异常数据为水电网问题时，需按照如下流程进行处理：

①当站点接到计划性停电通知时，运维人员需要在停电计划时间前前往站点，依次关闭仪表和系统电源，防止突然停电造成仪表损坏。同时，需根据停电时长，填写停站报告，并根据要求进行人工补测。如遇到临时性停电，运维人员需要前往现场，将仪表系统等各部分电源断开，防止出现供电不稳对系统造成影响。同时联系当地供电部门询问停电原因、恢复时间等信息，并且在恢复供电后及时将系统仪表电源恢复正常，启动仪表正常运转，停运期间严格按照运维规范要求进行补测。

②当站点出现断网情况时，需要联系网络供应商询问具体情况，如断网时间小于 1 天，可以等网络恢复之后手动补传数据，如断网时间大于 1 天，运维人员需要将网络切换至无线路由器网络传输，并将之前数据进行补传。待网络恢复后再切换至固定网络，期间数据正常可不申请停运。

③如站点出现停水情况，现场人员需要联系水厂询问停水的具体情况，同时站点系统清洗可切换至无自来水模式保证站点正常运转，待自来水恢复之后再切换回去，因停水导致站点纯水机无法使用，可先购置纯净水使用。

（7）当平台上传水样数据后，数据颜色变红，如图 3-6 所示即为水样数据超标（超过Ⅲ类水），运维人员需及时前往水站，对留样器内超标留存的水样进行自动在线仪表复测，记录复测结果，并对自动在线仪表进行标样核查或比对，同时可将水样送至 CMA 实验室或者当地监测站实验室进行手工分析，如有必要，需要撰写数据异常分析报告。若仪器标样核查或比对不通过，则判定为仪器存在问题，需对超标数据进行标记无效，同时需对仪器进行检查，必要时进行校准。

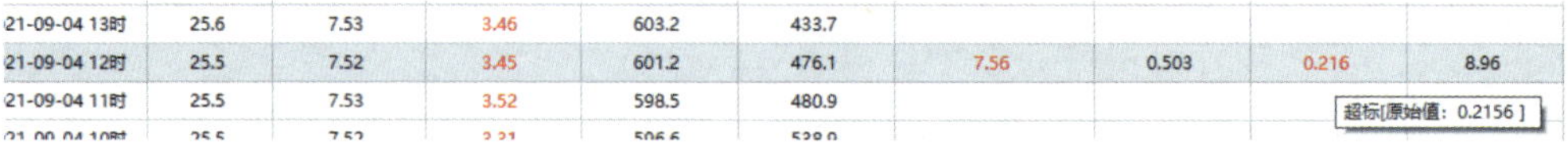

21-09-04 13时	25.6	7.53	3.46	603.2	433.7				
21-09-04 12时	25.5	7.52	3.45	601.2	476.1	7.56	0.503	0.216	8.96
21-09-04 11时	25.5	7.53	3.52	598.5	480.9				

超标[原始值：0.2156]

图 3-6　水样数据超标标识

二、仪器 / 系统处理与处置

（一）仪器故障处理处置

国控水站出现仪器故障的情况，会导致站点数据异常，无法真实反映水体情况。为保证水站稳定运行，确保在水站仪器故障导致数据异常时能第一时间响应并及时采取必要的处理措施解决故障。

运维人员应每天通过平台查看监测数据，对水站运行状态和数据质量进行合理判断，对站点运维情况及相关信息进行统计、分析和评价。当监测数据出现异常时，运维人员远程发送必要的质量控制测试命令，根据测试结果综合判断数据有效性。一旦确定水质发生重大变化或仪器设备故障，应及时赶赴现场处理，保证水站现场系统和仪表正常运行。按照运维规范采取相应的质量控制措施，保证自动监测数据可以真实反映当前断面水质。

对于因系统仪表引起的异常数据，根据运维规范要求，现场应在 24 小时内解决故障，无法修复的，应当在 48 小时内使用备机或移动监测车开展监测。

（二）仪表故障判断标准

运维人员对站点进行远程或者现场巡检发现异常数据或者超标报警情况时，需要根据异常数据识别手册判断异常数据类型，根据不同的情况采取不同的处理措施。

平台上传数据标识为 D（仪器故障）、F（通信异常）时，这类异常数据通常因为系统仪表问题导致，会出现仪表报警。

当平台上数据标识为 F（通信异常）时，为现场仪器设备与工控机通信连接异常，运维人员应该前往现场查看通信异常故障原因，及时排除故障。

当平台上数据标识为 D（仪器故障）时，该异常数据为仪表不在正常工作状态，现场运维人员应按要求及时响应并前往现场核实仪器性能状态，根据仪器设备报警信息，查找故障发生原因，及时排除故障。

三、系统处理与处置

（一）平台历史数据缺失处理与处置

历史数据缺失如图 3-7 所示。

	监测时间	水温(℃)	pH(无量纲)	溶解氧(mg/L)	电导率(μS/cm)	浊度(NTU)	高锰酸盐指数(mg/L)	氨氮(mg/L)	总磷(mg/L)	总氮(mg/L)
	Ⅲ类标准限值		6~9	≥5			6	1	0.2	
33	2021-07-30 13时	31.0	7.78	6.79	365.8	48.2				
34	2021-07-30 12时	30.7	7.76	6.80	367.2	49.6	2.99	0.586	0.075	1.65
35	2021-07-30 11时	30.5	7.75	6.79	367.1	50.4				
36	2021-07-30 10时	30.1	7.75	6.77	365.5	52.7				
37	2021-07-30 09时	30.1	7.75	6.92	359.0	55.1				
38	2021-07-30 03时	29.7	7.72	6.47	364.1	63.6				
39	2021-07-30 02时	29.8	7.73	6.46	364.5	59.7				
40	2021-07-30 01时	29.9	7.74	6.54	363.7	59.2				
41	2021-07-30 00时	30.0	7.73	6.48	364.4	59.9	3.00	0.702	0.078	1.44
42	2021-07-29 23时	30.1	7.74	6.49	365.4	62.9				
43	2021-07-29 22时	30.2	7.74	6.51	365.7	61.4				
44	2021-07-29 21时	30.4	7.75	6.55	365.3	62.9				
45	2021-07-29 20时	30.5	7.75	6.56	366.9	65.2	3.25	0.744	0.079	1.37
46	2021-07-29 19时	30.7	7.76	6.60	369.1	65.2				
47	2021-07-29 18时	31.0	7.76	6.62	372.4	65.9				

图 3-7　历史数据缺失

（1）首先判断期间网络是否正常，如在缺失时期通信正常，则需现场检查以下几个方面：

①检查集成软件中历史数据是否完整，如完整，则进行数据的补传工作；

②检查集成软件中历史数据是否完整，如不完整，则需进行以下几个方面的检查：a. 检查是否存在临时停电现象，如有，则进行相应的报备工作；b. 检查数据传输单元是否正常工作。

（2）当历史数据出现缺失，首先判断期间网络是否正常，如在缺失时期通信异常，则需现场检查以下几个方面：

①检查站点网络是否正常，若不正常，则需进行相应的恢复工作；

②检查站点网络是否正常，若正常，则需检查站点与平台通信是否正常；

③检查站点网络是否正常，若正常，站点与平台通信异常，则需检查站点VPN是否异常。

（3）待网络恢复后进行以下步骤：

①检查集成软件中历史数据是否完整，如完整，则进行数据的补传工作；

②检查集成软件中历史数据是否完整，如不完整，则需进行以下几个方面的检查：a. 检查是否存在临时停电现象，如有，则进行相应的报备工作；b. 检查数据传输单元是否正常工作，若不正常则需恢复后补传数据；c. 检查集成软件是否正常工作，若不正常，需相应恢复；d. 检查系统PLC是否工作异常，若异常，需进行恢复，后排查原因；e. 检查工控机工作是否存在异常，若存在异常，则需修护工控机。

（二）历史数据缺水样标识处理与处置

历史数据大周期显示缺水样标识，如图3-8所示。

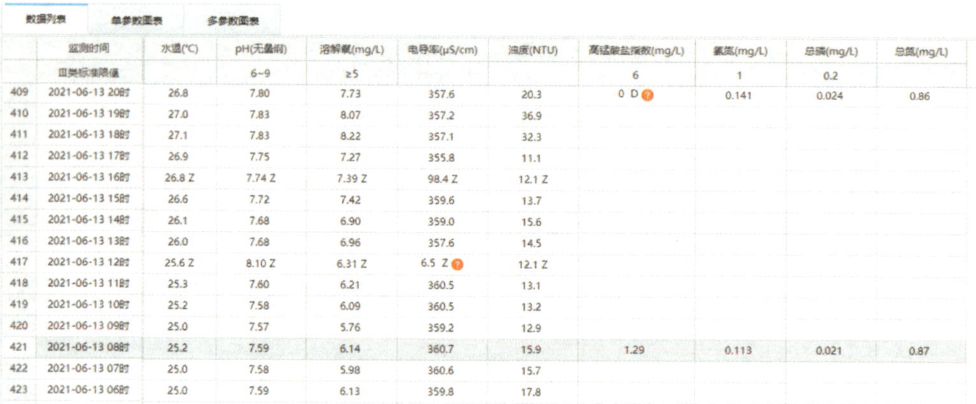
数据列表　单参数图表　多参数图表

	监测时间	水温(℃)	pH(无量纲)	溶解氧(mg/L)	电导率(μS/cm)	浊度(NTU)	高锰酸盐指数(mg/L)	氨氮(mg/L)	总磷(mg/L)	总氮(mg/L)
	Ⅲ类标准限值		6~9	≥5			6	1	0.2	
409	2021-06-13 20时	26.8	7.80	7.73	357.6	20.3	0 D	0.141	0.024	0.86
410	2021-06-13 19时	27.0	7.83	8.07	357.2	36.9				
411	2021-06-13 18时	27.1	7.83	8.22	357.1	32.3				
412	2021-06-13 17时	26.9	7.75	7.27	355.8	11.1				
413	2021-06-13 16时	26.8 Z	7.74 Z	7.39 Z	98.4 Z	12.1 Z				
414	2021-06-13 15时	26.6	7.72	7.42	359.6	13.7				
415	2021-06-13 14时	26.1	7.68	6.90	359.0	15.6				
416	2021-06-13 13时	26.0	7.68	6.96	357.6	14.5				
417	2021-06-13 12时	25.6 Z	8.10 Z	6.31 Z	6.5 Z	12.1 Z				
418	2021-06-13 11时	25.3	7.60	6.21	360.5	13.1				
419	2021-06-13 10时	25.2	7.58	6.09	360.5	13.2				
420	2021-06-13 09时	25.0	7.57	5.76	359.2	12.9				
421	2021-06-13 08时	25.2	7.59	6.14	360.7	15.9	1.29	0.113	0.021	0.87
422	2021-06-13 07时	25.0	7.58	5.98	360.6	15.7				
423	2021-06-13 06时	25.0	7.59	6.13	359.8	17.8				

图3-8　历史数据大周期显示缺水样标识

（1）当出现此情况时，一般为采水或系统内部问题，按以下步骤检查：

①检查供电是否稳定；

②检查采水压力是否存在异常；

③检查液位计是否工作正常。

（2）处置措施：

①当供电压力不稳定时，需减少不必要的用电设备以降低用电负荷，联系供电所处理；

②当采水压力不足时，检查系统各进口电动阀工作是否正常（电动阀开启后位置），若不正常，则需更换；检查采水管路是否破损，如存在漏水现象，则需进行维护；检查采水水位是否正常，若不正常，则需进行报备，做停站处理；检查采水浮筒 / 采水泵是否被堵塞，若被堵塞，则需清理；检查采水泵工作状况，若工作状况不理想，需更换采水泵。

③当液位计出现故障时的处置方式：

a. 检查液位计处是否洁净，若不洁净，则需清洗后，检查其灵敏性；

b. 检查液位计是否灵敏，若不灵敏，则需更换；

c. 检查液位计线路是否虚接，若存在则需排除。

（三）系统五参数频繁波动处理与处置

系统五参数频繁波动展示如图 3-9 所示。

	监测时间	水温(℃)	pH(无量纲)	溶解氧(mg/L)	电导率(μS/cm)	浊度(NTU)	高锰酸盐指数(mg/L)	氨氮(mg/L)	总磷(mg/L)	总氮(mg/L)
	Ⅲ类标准限值		6~9	≥5			6	1	0.2	
49	2021-06-17 06时	27.7	7.48	7.78	377.7	71.1				
50	2021-06-17 05时	28.2	7.68	8.75	357.5	79.6				
51	2021-06-17 04时	28.3	7.53	8.67	372.1	93.6	1.79	0.095	0.091	3.55
52	2021-06-17 03时	28.5	7.61	8.09	383.1	58.4				
53	2021-06-17 02时	28.2	7.65	7.62	0.1	400.0				
54	2021-06-17 01时	28.6	7.75	8.05	389.4	71.3				
55	2021-06-17 00时	28.6	7.68	8.51	389.3	41.8	1.64	0.015	0.117	0 D
56	2021-06-16 23时	28.5	7.81	9.47	358.3	131.6				
57	2021-06-16 22时	28.7	7.84	7.48	0.6	296.6				
58	2021-06-16 21时	28.9	7.79	8.24	389.9	66.0				
59	2021-06-16 20时	29.0	7.78	7.50	0	280.0	2.11	0.011	0.078	3.73
60	2021-06-16 19时	29.2	7.94	8.09	378.9	51.1				
61	2021-06-16 18时	30.4	8.00	7.23	0	313.7				
62	2021-06-16 17时	29.5	7.81	9.35	345.3	122.3				
63	2021-06-16 16时	29.0	7.79	7.50	0.1	400.0	2.32	0.016	0.068	3.53
64	2021-06-16 15时	29.3	7.96	7.44	0	214.7				

图 3-9　系统五参数频繁波动展示

此情况一般为采水问题，需检查采水压力是否正常，按照采水压力不足情况开展排查处置。

（1）当站点系统无电但站点总闸供电正常时，排查流程如下：

①检查站点稳压电源是否正常工作；

②检查站点 UPS 是否正常工作；

③检查系统供电总闸是否跳闸；

④检查系统供电总闸是否烧坏。

（2）处置流程：

当稳压电源供电正常，输出无电时，可大致判断有以下可能：

①稳压电源的碳刷损坏，导致交流继电器不吸合，进行更换；

②稳压电源的线圈电路板烧坏，进行更换；

③交流继电器损坏，进行更换；

④输入电压缺相，联系供电所处理。

（3）UPS 设备故障处理与处置：

① UPS 的电源保险烧坏时需进行更换；

② UPS 内部启动电路故障时检查 UPS 的启动电源电路；

③ UPS 内部电源电路故障或电源短路故障时检查 UPS 的电源电路；

④ UPS 内部电力电子装置被破坏时应更换备机。

四、系统正常运行，数据异常变化处理与处置

系统运行正常情况下，数据异常变化情况如图 3-10 所示。

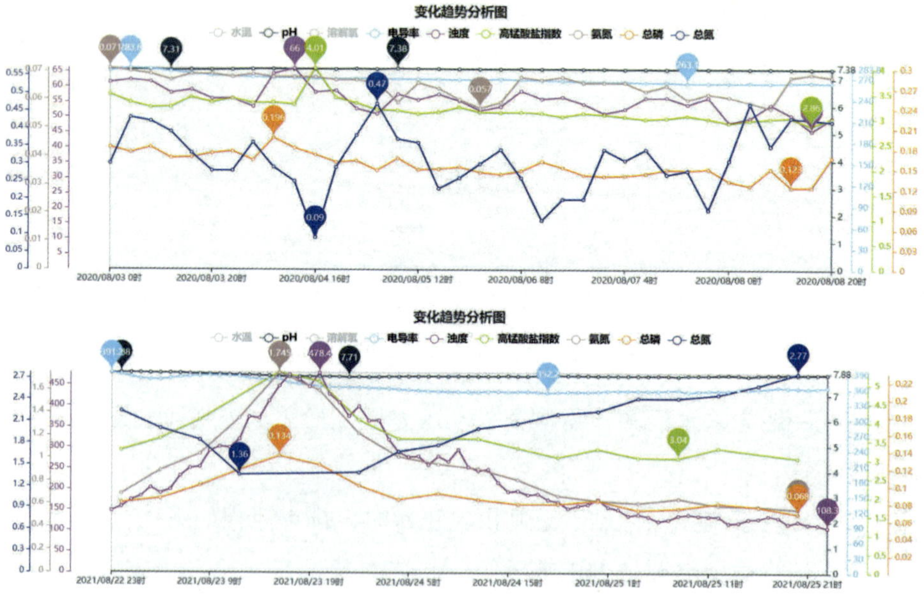

图 3-10　系统运行正常情况下，数据异常变化情况

常见现象：

①当浊度升高，总氮随浊度的变化而降低，但其他因子数据几乎无变化；

②当浊度升高，氨氮、高锰酸盐指数相应升高，但其他因子几乎无变化。

当存在上述情况时，现场可检查仪表是否存在异常；若无异常，在超标期间比对数据不合格，且实验室数据不超标，则可归为仪表抗浊度能力问题，需进行数据与现场预处理结合比对数据分析，得出仪表的抗浊度能力，重新调整“一站一策”备案范围。

五、突发事件处置

在日常运维工作中，针对一些突发事件，如自然灾害、疫情、重大节日、污染事件和其他情况，运维机构要做好相应的预防措施和应急处理措施。

（一）自然灾害情况

水文季节变化情况主要包括枯水期、丰水期、冰封期、洪涝灾害。

1. 枯水期

枯水期点位现场见图 3-11。

图 3-11　枯水期点位现场图

（1）预防措施：

枯水期经常会出现河道水位下降甚至断流情况，导致站点无法进行正常的监测工作，为防止出现突发的类似情况而无法及时响应，应采取适当的预防措施：

制定水站巡检制度，运维人员按照规范对水站进行日常巡检和维护，每周对采水点的情况进行记录填报，及时关注断面水位变化；

准备相关的应急物资，对可能出现的水位下降情况进行分析判断，可以通过维修进行恢复的，可及时提供物资进行维护；

建立完善的汇报渠道和体系，当水位下降或断流情况不可恢复时，及时将现场情况通过正式文件发送给总站，申请站点停运，停运期间按照运维规范进行人工补测。

（2）应急措施：

当出现水位下降且影响采水情况时，现场维护人员应分析是否可以通过维修恢复正常采水，并判断采取相应的措施：

①如可通过维护解决现场采水，在不影响航道的前提下可通过延伸采水管路，或者将采水浮筒向河道中心迁移，使采水恢复正常。运维人员应根据实际情况联系当地环境监测站，共同制定修复方案，尽快恢复采水。

②在水位下降通过修复仍无法采水时，应启动 / 停运程序。运维人员现场拍照留证并填写停运报告，停运报告加盖公章后发送至相关部门。按照停运要求开展补充监测，并对停运设备进行维护保养。

③当河道完全断流后，站点申请停运，并且无法进行手工补测，需要对站点开展降频或远程视频巡检。

④当水位上涨满足复运要求时，运维人员应对水站各系统仪表以及采水情况进行检查，按照复运要求进行相关调试，当系统设备符合复运要求后，提交复运申请报告。

2. 丰水期

丰水期点位现场见图 3-12。

汛期水位迅速上升、泥沙过大，会对水站系统和仪表造成较大影响，甚至导致采水设施被水流毁损，在此期间水站连续采样无法得到保障，为防止出现此类突发情况而无法及时响应，应采取适当的预防措施。

图 3-12　丰水期点位现场图

（1）预防措施：

①在汛期加强站点巡检，做好巡检记录，随时观察河道水位情况，对于汛期水量比较大的站点增加巡检频次，特殊情况下可聘请看护人员，每天对河道水位进行观察汇报。

②针对可能出现的风险，配备足够的应急物资，包括过滤装置、采水管路、采水泵、浮筒、电源线、绳索等，保证站点在出现紧急情况时可以在最短时间内投入使用。

③对汛期水量大的站点，应对采水设施采取相应加固措施，同时在符合运维规范要求的前提下改进过滤装置，降低水中的杂质对系统和仪表造成的影响。

④建立完善的汇报渠道和体系，当水位上涨导致采水设施损坏或者泥沙较大，站点不能正常运行时，应及时将现场情况通过正式文件上报总站，申请站点停运，停运期间按照运维规范进行人工补测。

（2）应急措施：

丰水期可能出现的风险主要为水位快速上涨导致采水设施损坏、水中泥沙含量过大对系统造成影响、丰水期水质变差超标等。

当因丰水期水位上涨导致采水设施损坏时，运维人员应首先前往现场查找问题或隐患，同时将情况汇报给项目负责人和当地环境监测站。项目负责人根据应急物资情况，共同制定修复方案，尽快恢复采水。如短时间内无法恢复，应按照运维停运要求对站点进行停运管理。

当因丰水期水中泥沙含量过大对系统仪表造成影响时，根据现场实际情况，在满足运维规范要求的前提下对现场预处理设施进行改进，使系统满足现场情况，并对改进后的预处理设施进行报备。如泥沙量太大导致站点无法正常运行的，需要及时汇报，申请站点停运，停运期间按照要求进行人工补测。

3. 冰封期

（1）预防措施：

受冰封期影响的站点，在冰封期来临前应做好防冻措施，排查站点管线的保温措施及效果是否符合规范要求，站房内部的空调是否可以正常工作，如有问题需要尽快解决。

配备足量的保温物资，如伴热带、电油汀、取暖器、温度传感器、管线配件、铁锹、防滑链等，必要时可使用移动应急监测车，同时应确保应急人员的数量。

随时关注天气情况，室内、室外可增设温度传感器，当温度降低到预警限值时，应第一时间启动应急预案，保障站点正常运行。

部分受影响较大的站点可以根据情况增加室外管线的覆土埋深，或增设伴热带，对室外沿程管线进行加热保温，防止冻结。

（2）应急措施：

北方地区受冰封期影响的站点，主要风险有采水管线冻住、水站室内温度过低、道路封闭等。冰封期对现场运维工作甚至人身安全造成了很大的影响，当出现风险情况时，需要启动应急预案。

如出现水站采水管线因温度降低被冻住，导致站点无法正常运行的情况时，运维人员需要及时去现场排查管线冰冻的情况，可以适当提高管线伴热带的缠绕密度，增加覆土埋深等措施，或者可通过系统的反冲洗功能，将热水反冲进管路中疏通，如果温度过低无法恢复正常运行，需要申请站点停运，停运期间按照要求进行人工补测。

如出现水站室内温度降低，导致室内温度不能满足仪表的正常环境温度要求，从而导致仪表故障异常，可以调高空调温度，在站房内增加电油汀或者取暖器，以保证站房内的环境温度。如以上措施依然不能奏效，可以将移动监测车开往现场代替自动站进行工作，同时要保证移动监测车的保温和车内环境温度。

如果出现因冰封期导致道路出行困难，运维人员无法前往站点的情况，在保证人身安全的前提下，给运维车辆加装防滑链，尽量完成水站的维护工作。如果确实无法到达水站，需要根据现场实际情况填写情况说明，申请站点停运。

4. 洪涝灾害

洪涝灾害现场照片见图 3-13。

图 3-13　洪涝灾害现场照片

在山川多雨地区，由于水站均设于河湖旁边，容易受到洪涝、山洪以及由洪水引发的湖库溃坝、决堤等灾害，可能会导致站点设备设施损坏甚至危及人身安全，因此，需要建立完善防洪防涝的应急预案，并对相关人员进行宣贯。

（1）预防措施：

成立应急指挥小组，确定小组负责人以及小组成员，制定相应的应急预案，根据现场实际情况组织调度各方力量及物资，实施统一部署和指挥。

应急措施以保障人身安全为第一要务，坚持“安全第一，预防为主”的原则。

收集气象水文部门对灾害性天气的预防预测信息，以及重大气象水文灾害的评估资料，并将结果报送至应急指挥小组。在灾害性天气来临前应加频观测和获取信息，同步掌握相关资料。

对易受灾情影响的站点采取加固措施，站房外围设置挡水墙，站房内应有良好的排水设施，在站房内储备沙袋、水泥、排水泵、防水胶条等物资，定时检查站房内的防雷装备等。

和当地防汛部门取得联系，第一时间掌握相关的水文信息，同时反馈给当地环境监测站，共同采取相应的防护措施。

（2）应急措施：

在山川多雨地区的站点容易受到山洪和洪涝灾害的影响，主要表现为灾害导致水站仪器设备存在安全风险、前往站点道路损坏、灾害后的恢复工作。

在接到气象部门或者水文部门灾害情况通知预警后，应立即启动应急预案，应急小组对灾害情况进行评估，坚持“安全第一”的原则，保障运维人员的人身安全，指挥运维人员迅速撤离至安全地带，躲避危险，并将现场情况上报。

如因灾害导致前往站点道路损坏，无法正常开展运维工作，需要及时填写情况说明，对站点进行停运处理。

出现洪涝灾害，在不危及人身安全的前提下，应急小组应对水站采取紧急抢救措施，必要时搬离仪器设备至安全区域，安排人员加固防水墙，站房四周布设沙袋，同时布置好排水泵，将站房内可能出现的积水及时排出。

灾害之后对站点进行整体检查修整，将受灾害影响情况及时报送至资产方，同时启动修复工作，在修复期间可按照停运要求进行手工补测，如有必要可将移动监测车开往现场代替自动站进行监测。

（二）疫情情况

（1）预防措施：

成立运维机构内部特殊情况应急小组，确认小组负责人，负责应对突发情况的响应，组织协调人员、物资，同时负责情况汇报，道路交通协调，与各级地方相关部分联系取得通行证件，保证水站可以正常开展运维。

日常储备应急物资，一次性手套、口罩、消毒用品等，数量应足够应急维护人员一周使用，并专人进行定期更新替换。

组织人员对办公场所、运维车辆和站点现场做好消杀工作。

站点访客严格按要求登记，提交相关健康证明且经总站允许才能进入，见图 3-14。

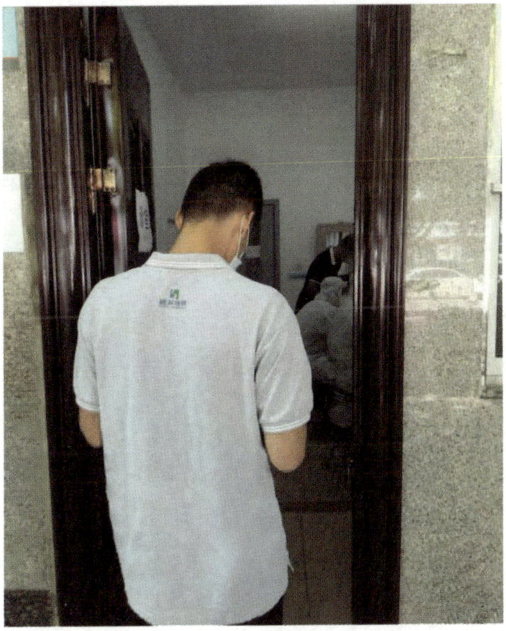

图 3-14　站点访客防疫登记

对运维机构工作人员进行定期培训，宣传防疫知识，掌握防疫技能，做好个人卫生以及站点卫生。

（2）应急措施：

遇到疫情，需要及时联系应急小组，由小组负责人启动特殊情况应急预案，并按照疫情防控流程开展工作，首先对小组成员以及现场运维人员进行健康检查，并且每天汇报健康情况，宣贯防疫知识，分发防疫用品，做好个人卫生和防护措施。

运维管理人员需要联系采购足够的防护用品，包括防护手套、口罩、护目镜、消毒水等，根据特殊情况的严重程度预估采购量。

如有员工健康出现问题，应第一时间联系当地医院以及相关部门进行排查，同时要求接触人员进行自我隔离，等待进一步排查。

在确保个人安全的前提下，尽量保证水站的正常维护，同时可以使用特殊情况应急物资，比如备机、试剂等。

如前往站点道路交通出现问题，需要与当地环境监测站和疫情指挥部联系，根据防疫要求，出具相关文件，取得通行证，保证能及时前往现场。

（三）重大活动情况

在节假日期间、国家的重大活动期间，需要制定相应的应急响应措施，确保水站在此期间可以进行连续自动运转。

（1）预防措施：

运维机构制定水站考勤值班制度，节假日期间需配备按照不少于水站要求的

50% 的人员和 80% 的车辆进行值班，并按照要求进行维护工作。

配备充足的水站常用备品备件以及备机，备件数量要保证在特殊情况期间满足水站更换，备机数量按照和水站 1∶10 的比例进行储备，储备一定量的试剂和标准样品，根据有效期进行定时更换。

（2）应急措施：

节假日前，运维机构需要针对水站的试剂运行情况安排运维人员进行值班维护，按照不少于水站要求的 50% 的人员和 80% 的车辆进行配置，安排管理人员轮流值班，保证水站正常运转，同时明确节假日期间的运维要求。

节假日或重大活动期间，站点运维负责人每日需要对站点进行例行性远程巡检，并且按照运维规范进行现场巡检，发现异常及时处理，如遇突发情况，根据情况类别做出应急响应。

（四）污染事件情况

针对水质自动监测站所在水体可能出现的污染事件，需要提前做好预防工作，能做到在第一时间做出响应，在进行污染分析的同时，及时向当地环境监测站及其他相关部门上报情况，做好污染防控的排头兵。

（1）预防措施：

运维机构应成立污染事件应急小组，应急小组负责处理突发污染事件的信息接收、报告、处理、统计分析以及上报警告信息，确定污染事件处理负责人，同时明确小组内其他成员的岗位职责，确保可以在第一时间对污染事件做出响应。

定期对工作人员进行污染事件相关知识培训，对应急小组内成员定期进行应急预案演练，确保每一位成员都熟悉应急预案流程。

根据水站现场实际情况、环境因素、周边污染源分析调查等，排查潜在的污染因素，同时按照突发污染事故的分级，将污染事件分为三个等级，分别为红色、黄色、蓝色，严重程度依次下降。

根据污染等级，应急小组需制定不同的响应措施，级别越高，相应的措施应越严格，响应速度应越快。

（2）应急措施：

当出现污染事件时，现场人员应第一时间将污染情况上报给污染事件应急小组负责人，根据污染实际情况启动不同等级的应急预案。红色警告为最高等级，对应为污染事件可能会造成城市饮用水取水地大面积污染，或者会造成社会重大影响的情况。黄色警告为第二等级，对应污染事件可能会造成区域生态功能丧失，或者会造成重要河流、湖泊、水库等出现污染，或者会导致跨地区纠纷。蓝色警告为第三等级，对应污染事件为当前断面数据超标，可能会危及其他河流或者湖库。

当污染事件为红色警告时，应急小组应在第一时间向本单位负责人汇报，并1小时内向当地环境监测站和总站汇报污染事件基本情况和类别，配合监测站和有关部门进行污染排查和应急管理，同时水站启动加密测试，每2小时监测一组数据，并将移动监测车及时调派现场，水站和监测车同步不间断进行连续监测，人员24小时轮流值班，将监测数据及时整理、实时汇总给有关部门。应急小组负责人联系CMA实验室，开启红色应急通道，将水样第一时间送至实验室进行手工分析，并将分析结果进行上报。当情况稳定且污染事件逐渐降低后，应急小组可根据实际情况将警告降低为黄色或者蓝色等级。污染事件结束后应急小组需要按时间编写详细的经过和处理过程，并报送运维机构审批。

（五）停水、停电、停网

（1）预防措施：

水站运行过程中，不可避免地会出现各种停水、停电、停网的情况，需要对临时性的以及计划性的停水、停电制定预防措施。

各水站负责人需要与当地的供电部门、自来水厂以及网络供应商建立联系，及时掌握相关的水电网信息，有计划性的停水、停电、断网时可以提前收到通知，提前做好准备。

现场配备无线路由器，确保断网之后可以使用无线传输，保证水站数据上传。

改进水站运行系统，使其可以在停水的情况下保证连续运行，提供有效的水质监测数据。

与站点所在地电力维护人员取得联系，出现临时性停电情况时可以及时联系维修人员开展抢修，在最短时间内恢复站点运转。

因停电无法恢复导致停运时，按照总站任务安排进行补测。

（2）应急措施：

停水、停电、停网都会对站点运行造成影响，针对不同情况需要采取不同的应急措施。

当站点接到计划性停电通知时，运维人员需要在停电计划时间前前往站点，依次关闭系统和仪表的电源，防止突然停电对仪表的损伤。同时根据停电时间，填写停站报告，并根据要求进行人工补测。如遇到临时性停电，运维人员需要前往现场，将系统和仪表等各部分电源断开，防止出现供电不稳对系统造成损伤。同时联系当地供电部门询问停电原因、恢复时间等信息，并且在恢复供电后及时将系统和仪表电源恢复正常，停运期间严格按照运维规范要求进行补测。

当站点出现断网情况时，需要联系网络供应商询问具体情况，如断网时间小于 1 天，可以等网络恢复之后手动补传数据。如断网时间大于 1 天，运维人员需要将网络切换至无线路由器网络传输，并将之前数据进行补传。待网络恢复后再切换至固定网络，期间数据正常可不申请停运。

如站点出现停水情况，现场人员需要联系水厂询问停水的具体情况，同时站点系统清洗可切换至无自来水模式保证站点正常运转，待自来水恢复之后再切换回去。因停水导致站点纯水机无法使用，可先购置纯净水使用。

（六）数据异常或超标报警

水站运行过程中可能出现数据异常或者超标报警的情况，对此需要有整体的应对措施和预防机制，保证现场运维系统正常的前提下，对异常数据和超标报警做出分析。

（1）预防措施：

加强现场以及远程巡检，发现异常数据情况后，需要尽快前往现场排查，及时处理水站各种故障，保证水站现场系统和仪表正常运行，按照运维规范进行各种质控措施，保证自动监测站的数据可以代表当前断面水质。

制定切实可行的运维计划，现场运维人员应严格按照计划开展维护，及时更换易耗品，检查仪表各部件运行情况，保证留样器可以正常工作，出现超标情况可以留样取证。

制订超标异常响应流程和异常数据识别手册，当出现异常情况时，现场运维人员可以根据响应流程前往现场排查处置。同时根据排查手册对现场异常情况进行识别，判断异常情况的类型，对于超标水样如有必要可送至CMA实验室或当地环境监测站进行复测。

（2）应急措施：

运维人员对站点进行远程或者现场巡检发现异常数据或者超标报警情况时，需要根据异常数据识别手册判断异常数据类型，根据不同的情况采取不同的处理措施，异常数据大致可分为仪表系统问题、采水问题、水电网问题以及水质问题。

当排查异常数据为系统仪表问题时，通常会出现仪表报警，平台上传数据标识通常为D（仪器故障）、P（电源故障）、F（通信异常）、B（仪器离线），现场应在4小时内完成仪器设备故障排查，24小时内解决故障，无法修复的，应当在48小时内使用备机或移动监测车开展监测。

当异常数据为采水问题时，平台上传数据标识通常为Z（采水点无水样），现场需要进一步排查采水故障的类型，如是水位下降或者河道断流原因，参照应急措施进行响应。如是采水管路或者采水设施损坏，需要联系当地监测站共同排查修复。

第八节 人为干扰检查注意事项

（一）基本要求

（1）运维人员每次开展运维工作时，应注意检查水站周边环境，可通过视频检查的方式检查采水口是否有人为干扰监测的情形。

（2）每月对采水管路检查时认真排查管路接头、取水头、反冲洗管道等，是否有不明管路、阀门故障等人为干扰的情形。

（3）每月对集成干预检查和实际水样比对结果进行认真分析，排查是否存在由于人为干扰导致结果不合格的情况。

（4）运维机构每月至少组织一次运维人员对监测点上下游情况进行摸排，重点关注河流站点的采水口上游 2 000 m、下游 1 000 m 内，或湖库站点 1 000 m 范围内（若有涉嫌人为干扰监测情形应扩大排查范围），有无涉嫌人为干扰的异常情况。

（5）发现正在实施的涉及人为干扰监测情形，应及时拍照留证，并予以阻止劝离。对于不能确定的情况，可拍照片或视频与驻站专员联系确认。

（6）确认为人为干扰情形时，运维人员应及时编写汇报材料，材料应严格按照格式书写并能够全面准确反映问题，在指定时间内将加盖公章的函件报送总站。

（7）运维机构应定期组织开展人为干扰监测相关内容的学习、典型案例的宣贯，提高对相关行为的辨识及处置能力。

（二）一般人为干扰的情形

（1）非运维人员违规进入国控水站站房及采水区域（采样区域以距离采水设施 20 m 为界），但未接触或误触监测设施或视频监控等辅助设施的；

（2）非运维船只单日内进入国控水站采水区域 20 m 范围内，启动螺旋桨等设施搅动水体不超过 2 次且单次不超过 10 min 的；

（3）在国控水站采水口上游 1 000 m、下游 200 m 内或湖库站点半径 500 m 范围内，进行采砂、清淤等施工作业，但未造成水质监测结果异常的；

（4）非运维人员违规进入国控水站采水区域内，偶发触碰采样设施情形，但未造成采水点位置偏移，不影响正常采样的；

（5）其他涉嫌一般人为干扰的行为。

（三）涉嫌严重人为干扰的情形

（1）非运维人员干扰监测设施和视频监控等辅助设施正常运行的；

（2）国控水站河流站点的采水口上游 1 000 m、下游 200 m 内或湖库站点 500 m 范围内，设置人工喷泉、曝气等增氧措施的，或投放生物、化学药剂等措施，强行改变水体理化性质，导致采集水样异常的；

（3）非运维人员违规进入国控水站采样区域，触碰、拖拽采样设施且造成采水点位置发生偏移，水样失去代表性的；

（4）非运维船只单次进入国控水站采样区域 20 m 内，启动螺旋桨等设施搅动水体超过 10 min，或多次进入采样区域 20 m 内启动螺旋桨等设施搅动水体的；

（5）针对国控水站采水环境实施人为干扰，存在截污改道，或以筑坝、开沟、引渠等方式改变河道走向或故意绕开断面（点位）或站点采水口，导致断面（站点）失去污染监控作用的；

（6）其他违反《环境监测数据弄虚作假行为判定及处理办法》的情形；

（7）定期检查采水设施是否受到外界干扰。

（四）涉嫌人为干扰行为情况上报

1. 一般人为干扰行为上报

运维机构发现一般人为干扰行为，应在 24 小时内以电子文档形式报告总站，48 小时内报送加盖公章的正式函件。

2. 严重人为干扰行为上报

运维机构发现严重人为干扰行为，应在 12 小时内以电子文档形式报告总站，24 小时内报送加盖公章的正式函件。

第九节 运维总结

一、目的

运维机构需全面、系统总结上月的运维工作，对存在问题予以梳理归纳，拿出针对性解决措施，对整改落实情况进行跟踪，合理安排下一阶段运维任务。

二、报告编制

（一）运维报告

运维机构每月 3 日前需编制上月运维报告提交总站，报告应包含运维计划执行情况与运维工作开展情况等内容。报告内容包含但不限于采水口清理、采配水管路清洗、仪器定期清洗和保养、试剂更换、耗材更换、仪器校准、关键参数及流程日志检查、废液收集和处理、站房和辅助设施维护，以及应急运维工作开展情况，预防人为干扰监测行为调查等相关运维情况。

运维分析报告模板详见附件一，运维计划模板详细内容请见附件二。

（二）质控报告

运维机构每月 3 日前应编制质控报告，并提交总站，内容包括但不限于水站名称、仪器配置、维护人员、质控实施日期、各监测项目标准溶液浓度、已实施的日质控、周核查、多点线性核查、集成干预检查、加标回收测试、实际水样比对等质控措施开展情况、质控结果说明、校准及维护措施、数据有效率以及总站安排的其他质控措施完成情况。

质控模板详细内容请见附件三。

（三）定期召开总结会议

运维机构应定期组织总结会议，每月月初以线上 / 线下会议的形式，总结上月运维情况、外部检查情况、整改情况，以及其他专项工作情况等，并就当月运维工作进行安排部署。通过定期总结可以帮助运维人员发现问题、分析问题与解决问题，不断增强服务意识和提升运维质量。

第四章　停运处置流程

国控水站如遇以下情形，可申请停运：

（1）因河流 / 湖面冰封、水位过低、自然断流等不可抗力影响导致国控水站无法运行的；

（2）因重大社会活动、疫情等相关管控，或台风、暴风雪、地质灾害等极端环境影响导致道路封闭，出行受阻，运维物资无法保障，运维人员无法抵达现场开展运维工作的；

（3）因采水设施故障、供电设施故障等基础保障原因导致国控水站无法正常运行的；

（4）因水站仪器设备或系统升级改造等原因导致水站无法正常运行的；

（5）因水体受高泥沙、高浊度、高盐度、藻类聚集等复杂情况影响，现有系统监测精度不能满足要求，或无法开展监测活动的；

（6）因河道整治、清淤、施工等因素导致国控水站无法正常运行的；

（7）生态环境部或总站根据监测管理需求安排停止运行的；

（8）其他原因导致国控水站无法正常运行或影响国控水站资产安全的情况。

第一节 信息报送及审核

满足停运条件的，运维机构或地方生态环境主管部门需按照以下程序及时上报：符合上述停运情形（1）、（2）、（3）、（4）、（5）和（8）的，由运维机构上报总站审批；符合停运情形（6）的，停运不超过 30 天，由地方生态环境部门报总站审批；超过 30 天，由地方生态环境部门报生态环境部审批。

运维机构或地方生态环境主管部门须按要求报送停运申请材料。

（1）国控水站满足停运申请条件时，运维人员须在 24 小时内向平台提交停运申请，并上传停运报告。报告应能充分印证停运条件，包括有关部门发出的避险或台风预警信息、道路封闭或采水设施损毁的照片资料、供电公司停电通知、采水点水位情况等资料。

（2）运维机构需要内部审核并确认停运申请，对不规范停运情况进行修改，确定合格后盖章、上传平台并确认生效。

（3）总站在平台对停运申请进行审核，对不规范停运进行督促整改，并对运维人员计分考核。涉及虚假停运的，总站将按照相关规定进行处理。

第二节 停运期间维护

国控水站停运期间，运维机构负责停运期间国控水站仪器设备维护，并安放好明显的停运标识，同时需要根据相关要求进行数据补测，在具备运行条件时及时恢复国控水站运行。国控水站因断流等客观因素长期停运且仪器处于闲置状态，运维机构应按总站调度对该站设备进行动态管理，作为备机调整至其他水站。

国控水站停运期间，根据停运情况、水质变化趋势分析、数据统计与评价要求等，由总站统一调度补测工作。运维机构应在补测任务下发10个自然日内，完成采送样、分析与数据报送工作，遇重大节假日等情况，经总站同意后可适当顺延。

第三节 恢复运行准备工作

（1）停运国控水站达到恢复运行条件后，应按要求尽快开展相关质控措施：

①停运时长少于2天（含2天）的，日质控数据合格后可直接恢复运行；

②停运时长在3～14天（含14天）的，标准溶液核查合格后可直接恢复运行；

③停运时长在15～30天（含30天）的，须进行多点线性和集成干预检查，检查结果合格后申请恢复运行，经总站审批后恢复运行；

④停运时长超过30天的，须在系统启动前进行全面检查，进行仪器校准、多点线性核查和集成干预检查，核查结果合格后申请恢复运行，经总站审批后恢复运行。恢复运行后应对监测数据进行分析，水质与停运前变化较大的，还应进行实际水样比对。

（2）停运国控水站满足恢复运行条件且检查合格后按照以下流程申请恢复运行：

①国控水站满足恢复运行申请条件时，运维人员须向平台提交恢复运行申请，并上传恢复运行报告；

②运维机构需要内部审核并确认恢复运行申请，对不规范恢复运行情况进行修改，确定合格后盖章、上传平台并确认生效；

③总站在平台对恢复运行申请进行审核，对不规范情况进行督促整改，并对运维人员计分考核。涉及虚假恢复运行的，总站将按照相关规定进行处理。

第五章　补充监测流程

本章主要描述了水站非正常运行期间因自动监测数据不足所采取的补充监测工作流程，以及采样、补充监测、补充监测数据质量保证与质量控制的相关技术要求，实际水样比对工作可参照执行。

第一节　预判机制

为避免水站受停运、高浊度、高盐度、低水位、采水管路或采水位置等情况的影响，导致全月可参与评价的自动监测数据不足 6 个，运维机构应根据各站点的实际情况制定预判机制。

一、"一站一策"的验证与备案

针对各站点不同时空的水环境差异，运维机构应按照"一站一策"原则，通过实际水样比对等方式确认适用于该水站运行的关键信息（预处理单元、系统参数、仪器测量原理等）进行备案，并在备案中明确能够满足该水站正常运行的水体最高浊度、盐度等水环境条件。

二、分析影响因素并提前做好预案

运维机构应根据水站的地理位置、站房及采排水建设情况和监测断面的浊度、盐度及水位变化情况，结合"一站一策"，制定水站补充监测预案。运维人员应根据历史运行情况做好水站运行情况的预判，并根据补充监测预案做好非正常运行期间采样、补充监测工作。

三、每月定期筛选跟踪

运维机构应每月定期筛选统计当月非正常运行站点及其补充监测情况，做好相关补充监测工作，避免出现全月可参与评价的自动监测数据不足 6 个的情况。

第二节　补充监测条件

一、受高浊度影响

当水样浊度超出该站备案范围导致自动监测受到影响，数据不能用于水质评价时，应手工采样并预处理后，采用水站自动监测仪器、移动监测车设备或送至有 CMA 资质的实验室进行水样分析。

二、受高盐度影响

当水样盐度超出该站备案范围导致自动监测受到影响，数据不能用于水质评价时，应手工采样并预处理后，将水样送至有 CMA 资质的实验室进行分析。

三、受低水位影响

当采水口处水位不足 0.5 m，且自动采样搅动底泥影响自动监测数据准确性时，应手工采样并预处理后，优先选择水站自动监测仪器进行分析，不具备条件的可采用移动监测车、送至 CMA 实验室等方式进行分析。

四、受采水设施影响

因采水设施（如采水管路长度等）导致自动监测受到影响，数据不能用于水质评价时，应手工采样并预处理后，优先选择水站自动监测仪器进行分析，不具备条件的可采用移动监测车、送至 CMA 实验室等方式进行分析。

五、受藻类影响

因藻类聚集导致自动监测受到影响，数据不能用于水质评价时，应手工采样并预处理后，送至有 CMA 资质的实验室进行水样分析。

六、受停运影响

开展停运补充监测时，应手工采样并预处理后，优先选择水站自动监测仪器进行分析，不具备条件的可采用移动监测车、送至 CMA 实验室等方式进行分析。

七、受站点搬迁影响

因水站搬迁停运，且搬迁后的水站未正常运行的，应在搬迁后的水站采水口处手工采样并预处理后，采用移动监测车、送至 CMA 实验室等方式进行分析。

八、受临时替代断面影响

因河道整治等生态环境部批准采用临时替代断面采样的，开展采测分离人工采样分析，水站可停运不用补充监测。

第三节　补充监测要求

国控水站每月参与水质评价的指标为 pH、溶解氧、高锰酸盐指数、氨氮、总磷和总氮（湖库）共 6 项，且每个指标的自动监测数据均不得少于 6 个。为了保证水质评价所需的数据量，非正常运行期间，当全月可参与评价的自动监测数据不足 6 个时，应进行人工补充监测。

补充监测具体要求依据《关于印发〈国家地表水水质自动监测站补充监测技术规定（试行）〉的通知》（总站水字〔2021〕64 号）、《关于印发〈国家地表水水质自动监测站常规五参数现场比对技术要求（试行）〉的通知》（总站水字〔2021〕63 号）等文件。

第四节　补充监测方式

补充监测高锰酸盐指数、氨氮、总磷和总氮（湖库）时，应优先使用水站自动监测仪器，其次可采用移动监测车或送至 CMA 实验室等方式进行。补充监测 pH 和溶解氧时，应使用便携仪器（经有资质的部门检定或校准且在有效期内）在原位进行。

因断流（包括冰层下无水）、结/化冰期、洪水等不可抗力因素影响导致不具备采样条件的，经总站确认同意后，可不开展补充监测，但需完成采样现场情况的记录工作。

第五节　现场监测

pH、溶解氧为现场监测项目，补充监测时应采用便携仪器进行原位监测，操作方法及要求参见《国家地表水环境质量监测网采测分离（现场监测技术导则）》。

一、pH

（一）测试原理

以玻璃电极为指示电极，以 Ag/AgCl 等为参比电极合在一起组成 pH 复合电极，利用 pH 复合电极电动势随氢离子活度变化而发生变化来测定水样的 pH。复合电极 pH 计均有温度补偿装置，用以校准温度对电极的影响，用于常规水样监测可准确至 0.1 pH 单位。

参考标准：《水质　pH 值的测定　玻璃电极法》（GB/T 6920—1986）。

（二）监测前准备

按照使用说明书对便携式 pH 计电极进行活化和维护，确认仪器正常工作。现场测定应了解现场环境条件以及样品的来源和性质，初步判断是否存在强酸碱、高电解质、低电解质、高氟化物等干扰，并进行相应的准备。

（三）仪器校准

使用前应仔细检查仪器是否完好、有无损坏。接通电源，校准开始前仪器应预热 30 min 以上，以使各部分功能及显示记录单元稳定。在电极受沾污情况下，必要时应采用洗涤剂、0.01 mol/L 盐酸等洗涤后，用流水充分洗净。确认仪器可正常使用后，严格按照仪器说明书进行操作。先将水样与标准溶液调到同一温度，记录测定温度，并将仪器温度补偿旋钮调至该温度上。

用标准溶液校准仪器，通过自动监测数据初步了解被测水体 pH 范围，若被测水体呈碱性，依次选择 6.86、9.18 标准溶液进行校准；若被测水体呈酸性，依次选择 4.01、6.86 标准溶液进行校准。按以下操作步骤进行校准：

（1）将电极用蒸馏水洗净并用滤纸吸干，浸入 pH=6.86 标准溶液中，充分搅拌 pH 标准溶液使其混合均匀，且复合电极（含球泡部分）全部浸入水样中。待示值稳定（一般情况下，便携仪器可自动判断，校准进度条不再闪烁）后，按【确认】键完成第一点校准。

（2）取出电极用蒸馏水洗净并吸干，浸入第二种标准溶液（4.01 或 9.18）中。充分搅拌 pH 标准溶液使其混合均匀且复合电极（含球泡部分）全部浸入水样中，待示值稳定后，按【确认】键完成第二点校准。

（3）取出电极洗净并吸干，再浸入 pH=6.86 标准溶液中，充分搅拌 pH 标准溶液使其混合均匀且复合电极（含球泡部分）全部浸入水样中，如果误差超过 0.02 pH，则维护后重复第（1）、（2）步骤，直至在两种标准溶液中都能显示准确的 pH。

（4）仪器校准后应用蒸馏水充分淋洗电极，然后用滤纸吸干，保存待用。

（四）现场测试步骤

1. 现场核查

选择 pH 接近于待测水样的有证标准样品或标准物质核查，将电极先用蒸馏水充分淋洗，然后用滤纸将水吸干后将电极浸入有证标准样品或标准物质中，待示值稳定后，记录核查结果。核查结果满足有证标准样品或标准物质的不确定度要求方可进行样品监测。否则需要进行原因排查和异常排除，并再次进行核查，直至合格，或使用备用仪器，重新进行核查。

2. 水样测试

将探头插入水样中，小心摇动或进行搅动使其均匀，静置，待示值稳定后（10 s 内变化不超过 0.05 pH 单位），记录测试值。

（五）pH 测定注意事项

（1）由于电极构成不同，其浸泡方式会有所不同。有些电极要用蒸馏水浸泡，而有些电极则严禁用蒸馏水浸泡，须严格遵守操作规程，以免损坏电极。

（2）测定时，复合电极（含球泡部分）应全部浸入水样中。

（3）电极受污染时，可用低于 1 mol/L 稀盐酸溶解无机盐垢，用稀洗涤剂（弱碱性）除去有机油脂类物质，稀乙醇、丙酮、乙醚除去树脂高分子物质，用酸性酶溶液（如食母生片）除去蛋白质血球沉淀物，用稀漂白液、过氧化氢除去颜料类等物质。

（4）使用过的标准缓冲溶液不允许再倒回原瓶中。

（5）注意电极的出厂日期及使用期限，存放或使用时间过长的电极性能将变劣。

（6）便携式 pH 计应在检定有效期内使用。

（7）测试水样前，现场测定质控样。

（8）监测人员需要经过培训、考核合格后方可上岗。

二、溶解氧

溶解氧测定分为覆膜电极法和荧光法，以下为测定水中溶解氧的覆膜电极法。

（一）测试原理

探头有一个用选择性薄膜封闭的小室，室内有两个金属电极并充有电解质。氧和一定数量的其他气体及亲液物质可透过这层薄膜，但水和可溶性物质的离子几乎不能透过这层膜。将探头浸入水中进行溶解氧的测定时，由于电池作用（迦伐尼电池式或电流式）或外加电压（极谱式）在两个电极间产生电位差，使金属离子在阳极进入溶液，同时氧气通过薄膜扩散在阴极获得电子被还原，产生的电流与穿过薄膜和电解质层的氧的传递速度成正比，即在一定的温度下该电流（或极谱法中的输出电压）与水中氧的分压（或浓度）成正比。

（二）使用前准备

（1）检查所选仪器的检定时间，确定在有效期内。

（2）检查膜片是否破损、电解液是否充足，如果膜片破损要及时更换，并补充电解液。即使膜片未被损坏和污染，建议 2 个月更换 1 次，填充电解液。

（3）检查膜片是否湿润，经常使用的电极建议存放在存有蒸馏水的容器中，以保持膜片的湿润，干燥的膜片在使用前应该用蒸馏水湿润活化。

（4）检查膜片和电极是否清洁，如果污染，要在清水中小心清洗干净，一般1～2 周清洗 1 次。

（5）打开电源开关，检查仪器是否运行正常。

（三）仪器校准

1. 零点校准

将电极浸入无氧水，待反应稳定（10 s 内变化不超过 0.1 mg/L）后读数，将指示值调整为零点。若仪器具有零点补偿功能，则不必调整零点。

2. 饱和溶解氧校准

将电极浸入饱和溶氧水或水饱和的空气中，在用磁力搅拌器搅拌（仅测定饱和溶氧水时）的同时，待显示值稳定后，测定饱和溶氧水或水饱和的空气的温度（准确至 ±0.1℃），仪器 10 s 内变化不超过 0.1 mg/L 即可视为示值稳定。

（四）现场测试步骤

（1）仪器开机，等待仪器完成极化（极谱式电极），确保仪器能够正常工作。

（2）使用水饱和空气进行饱和溶解氧校准，并填写校准记录。当测量的溶解氧质量浓度低于 1 mg/L（或 10% 饱和度）时，还需进行零点校准。必要时使用备用仪器。

（3）使用无氧水进行核查，核查误差≤0.1 mg/L。

（4）水样测试，将探头插入水样中，不能有空气泡截留在膜上，停留足够的时间，待探头温度与水温达到平衡，且数字显示稳定（10 s 内变化不超过 0.1 mg/L）时读数。探头的膜接触样品时，移动探头使样品保持一定的流速，防止与膜接触的瞬间将该部位样品中的溶解氧耗尽，使读数不准确。

（五）注意事项

（1）仪器在维修或更换电极后需由有资质的部门进行检定或校准，并提供报告。

（2）新仪器投入使用前、更换电极或膜片以及补充电解液以后，应进行校准。

（3）干扰：水中存在的一些气体和蒸汽。例如，氯、二氧化硫、硫化氢、胺、氨、二氧化碳、溴和碘等物质，通过膜扩散影响被测电流而干扰测定。水样中的其他物质（如溶剂、油类、硫化物、碳酸盐和藻类等）可能堵塞薄膜，引起薄膜损坏和电极腐蚀，影响被测电流而干扰测定。此外，电极薄膜对气体的渗透性受水样温度、盐度，以及大气压影响较大，水样测试时应进行温度、盐度和气压补偿。

（4）电极的维护：任何时候都不得用手触摸膜的活性表面。

（5）电极和膜片的清洗：若膜片和电极上有污染物，会引起测量误差，一般1～2周清洗1次。清洗时要小心，将电极和膜片放入清水中涮洗，注意不要损坏膜片。

（6）经常使用的电极建议存放在存有蒸馏水的容器中，以保持膜片的湿润。干燥的膜片在使用前应该用蒸馏水湿润活化。

（7）电极的再生与更换：电极需定期进行再生或更换，当电极无法满足性能要求或线性校验不合格时，就需要对电极进行再生或更换。电极的再生约1年1次。电极的再生包括更换溶解氧膜罩、电解液和清洗电极，再生仍不合格则需要更换电极。电极更换后应重新对仪器进行检定或校准。

（8）电解液和膜的更换：每隔一定时间或当膜被损坏和污染时，需要更换溶解氧膜罩并补充新的电解液。如果膜未被损坏和污染，建议2个月更换1次，并填充电解液。

（9）更换电解质和膜之后，或当膜干燥时，都要使膜湿润。只有在仪器示值稳定后，才能进行校准，仪器达到稳定所需要的时间取决于电解质中溶解氧消耗所需要的时间。

（10）如果电极在零点校准后变得反应迟缓或读数不准确，可能是因为电极上零氧溶液没有清除干净。需要在去离子水中彻底浸湿和清洗电极，以清除零氧溶液，恢复电极性能。

（11）将探头浸入样品中时，应保证没有空气泡截留在膜上。

（12）样品接触探头的膜时，应保持一定的流速，以防止与膜接触的瞬时将该部位样品中的溶解氧耗尽而出现错误的读数。流速可参照仪器制造厂家的说明。

（13）盐度较高的水会对溶解氧的测量有影响，在测量过程中应进行盐度补偿。

（14）测量过程中应避免阳光直射。

三、采送样要求

（一）位置

原则上应在采水口处（原位）采集水样进行补充监测，地方生态环境主管部门应保障采样条件。采水口处不具备采集水样条件时，也可在站房内的沉砂池采集源水进行补充监测。

（二）采样技术要求

高锰酸盐指数、氨氮、总磷、总氮等监测指标手工采样时应满足《国家地表水水质自动监测站补充监测技术规定（试行）》中“附录 1 国家地表水自动监测站非正常运行人工采样要点”的相关要求。采用移动监测车（实验室仪器）和送至 CMA 实验室分析时，应采集平行样品和全程序空白样品。

除总磷外其他监测项目采集的水样应先经 63 μm 筛网过滤，然后沉降 30 min，最后采用虹吸方式取上清液。

总磷预处理方式如下：

一般水体和感潮河段水样前处理方法见表 5-1。如遇到藻类聚集，应过 63 μm 的过滤筛（网）后再按表 5-1 要求执行。

表 5-1　总磷预处理方法

水体类型	原水浊度 /NTU	处理方式	具体技术要求
一般水体	≤200	自然沉降	沉降 30 min，取上清液
	200＜浊度≤500	自然沉降	沉降 60 min，取上清液
	＞500	离心	2 000 r/min，2 min，取上清液
感潮河段	≤200	自然沉降	沉降 30 min，取上清液
	＞200	离心	2 000 r/min，1 min，取上清液

四、样品保存与运输技术要求

采用水站自动监测仪器和移动监测车（自动监测仪器）分析的样品不用添加保存剂，须在当日内完成分析。

采用移动监测车（实验室仪器）和送至 CMA 实验室分析的样品应满足《地表水水质自动监测站运行维护技术要求（试行）》中“附录 B 实际水样比对——样品采集与保存‘B.3 样品保存与运输技术要求’”。

五、受高浊度、高盐度、低水位、藻类影响的水站采样技术要点

（一）受高浊度影响水站

高锰酸盐指数、氨氮、总磷和总氮（湖库）等监测指标受高浊度影响的水站，应测量和记录水样浊度。

（二）受高盐度影响水站

高锰酸盐指数、氨氮、总磷和总氮（湖库）等监测指标受潮汐影响的水站，采集退平潮位的水样，测量和记录原水盐度。为保证采样安全，一般应根据潮汐变化，选择日间退潮时间完成采样。

（三）受低水位影响水站

（1）采样时不可搅动水底部的沉积物，不能混入漂浮于水面上的物质。

（2）若采样点位的河水比较浅，采水位置无桥梁且采样船无法到达，在确保安全的情况下选择涉水采样。采样者应站在下游，向上游方向采集水样。不具备涉水采样条件时，也可采用岸边采样方式采集样品，用长把采水装置或容器在水深的 1/2 处采集水样，应对现场拍照，进行记录。

（四）受藻类影响的河流湖库水站

（1）采样点位如有藻类大量聚集，应尽可能避开藻类对水质分析有影响的地方采集水样。如无法避开藻类，要利用船只前进，在冲开藻类聚集的间隙采样，

并对现场拍照，进行记录。

（2）将采样器中每次采集的水样，全部通过 63 μm 的过滤筛（网）过滤。

六、冰冻断面

（1）在确保安全条件下，进行钻冰采样。

（2）水体封冻，采集冰下水深 0.5 m 处的水样，水深小于 0.5 m 时，在水深 1/2 处采样。

（3）破开冰面后，观察水体是否为活水，如有水涌出，需进行采样，否则不采样，但需拍照并做好记录，按相关规定上报。

（4）无论采用何种方式开展冰面钻孔，都应采取措施，避免所采样品受钻冰影响而沾污，从而影响样品代表性。

（5）采样时，如果环境温度过低，样品进入容器内即结冰，可不用样品荡洗。

（6）建议在采样前将固定剂提前加入到样品瓶中，防止水样倒入容器后因冻冰而无法加入固定剂或无法与固定剂混匀。

七、雨季采样

（1）应注意避开初期雨水，等水质稳定以后再进行采样；

（2）应注意遮雨，防止雨水进入采样容器；

（3）尽量避免因雨水冲刷而造成的沉积物搅动对水样的污染；

（4）注意避开水体漂浮物。

八、沉砂池采样

在站房内采水时，应在沉砂池采样。根据原水浊度，按照《国家地表水水质自动监测站补充监测技术规定（试行）》中“6.2 采样技术要求”对水样进行前处理。

九、平行样采集

现场平行样品采集时，应完全同步进行水样前处理、水样分装、添加固定剂、冷藏储存等采样操作步骤。采集时，注意分样要均匀，可以采取每瓶各1/3的灌装方式，也可以使用分样工具，确保现场平行样品的均匀性。

十、全程序空白样采集

指按照与实际样品一致的程序进行测定的实验室用纯水。一致的程序是指采样现场灌装，添加固定剂，冷藏运输以及所有的分析步骤等。

第六节　补充监测数据质量保证与质量控制

一、总体要求

根据水站非正常运行期间各指标补充监测的方式，分别确定质量保证和质量控制措施，以保证补充监测数据质量。

二、质量保证与质量控制措施

1. pH 和溶解氧

采用便携仪器对 pH 和溶解氧补充监测时，质量控制要求参见《国家地表水环境质量监测网采测分离（现场监测技术导则）》。

2. 高锰酸盐指数、氨氮、总磷和总氮

高锰酸盐指数、氨氮、总磷和总氮采用水站自动监测仪器补充监测时，应保证仪器日质控、每月多点线性、实际水样比对合格，具体要求参见《地表水水质自动监测站运行维护技术要求（试行）》；采用实验室补充监测时，质量控制要求具体参见《地表水水质自动监测站运行维护技术要求（试行）》中的“附录 C”。

第六章　数据审核

第一节　数据溯源

为保障国家水质自动监测站监测数据质量，全面提高环境监测数据的真实性、准确性和可比性，为环境管理科学决策提供重要支撑，需要对数据的溯源工作进行全过程管理，数据溯源包括关键参数的报备、数据流程日志的管理，以及平台上传数据的反算等。

一、关键参数报备

各水站需根据仪器品牌的不同，对各项关键参数进行报备。本书所述及的国控水站自动监测仪器的关键参数是指仪器出厂检验报告列出的参数，包括用来限定或设置仪器各部件工作条件或工作状态的参数：消解时长、消解温度等，以及校准、监测结果计算与转换的参数，如斜率、截距、信号值等。

1. 仪器厂商主要职责

提供仪器出厂检验报告、关键参数清单和出厂初始设置值，出厂检验报告应包括所有的关键参数及正常范围，并对报告的完整性和准确性等做出书面承诺；实现关键参数的采集、存储功能，并向总站开放关键参数的采集协议。

2. 运维机构主要职责

（1）负责运维站点仪器关键参数的设置、调整、确认、报备、采集、存储和上传等日常管理工作；

（2）负责关键参数的准确性和真实性；

（3）接受生态环境部对关键参数日常管理的监督和检查，以及总站的质量检查和调查取证等工作。

3. 总站主要职责

总站对关键参数管理工作提供技术支持，主要职责为：

（1）负责关键参数的备案、复检和核准等工作；

（2）负责运维机构关键参数日常管理工作的技术指导与培训；

（3）负责运维机构关键参数日常管理的质量检查；

（4）提供关键参数弄虚作假行为调查取证的技术支持。

备注：关键参数备案主要包括测量量程、测量精度、测量检出限、消解温度、消解时长、曲线斜率（k值）、曲线截距（b值）、线性相关系数（R^2）、二次多项式系数（a值）、稀释倍数（e值）、三项式系数（c值）、空白标定系数（d值）、量程系数（f值）等关键参数。

4. 关键参数备案管理

关键参数实行备案制，包括验收备案、调整备案和变更备案，在用仪器和备用仪器均需备案。

验收备案材料须有关键参数验收设置记录、证明材料和出厂检验报告。

调整备案材料须有关键参数调整记录和证明材料。

变更备案材料须有运维机构变更时关键参数的确认记录和证明材料。

运维机构发生变更时，新运维机构须确认关键参数，接收关键参数档案，包括：出厂检验报告；验收设置关键参数记录及证明材料；检查、校准、标准传递和维修时关键参数变化记录及证明材料；运维机构变更时关键参数确认记录及证明材料；运维机构变更关键档案交接确认单等材料，检查档案的可追溯性和完整性，并在关键档案交接确认单上签字认可。

运维机构应在验收设置、关键参数调整以及运维机构变更完成后 1 个月内，将关键参数验收备案材料、调整备案材料以及变更备案材料向总站报备。备案材料一式 4 份，运维机构归档 1 份，总站备案 2 份，生态环境部备案 1 份。

二、流程日志

流程日志是记录一个周期数据从开始到结束的所有步骤的记录。一个完整的流程日志包含系统日志和仪器日志两部分。

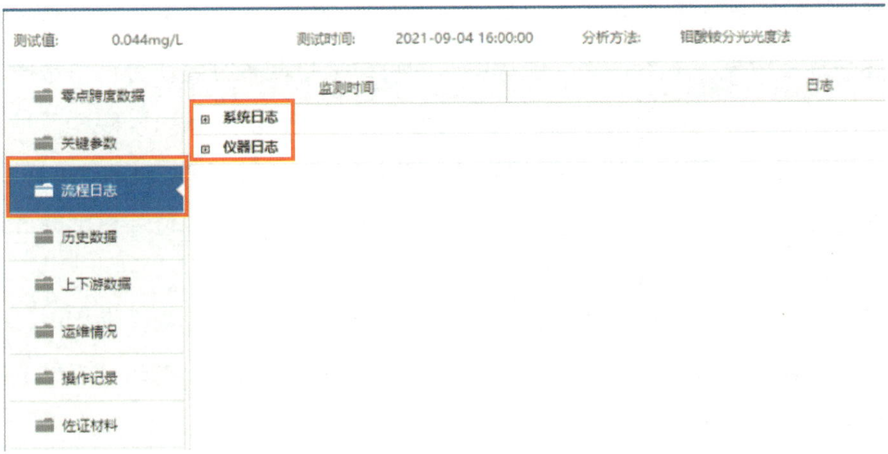

图 6-1　流程日志

1. 系统日志

系统日志是指整个系统每个节点动作的记录，应包含润洗流程、采样流程、样水杯进样流程、制样分析流程等，如图 6-2 所示。

⊟ 系统日志	
2021-09-04 16:00:16	[主流程:沉沙缸润洗流程][子流程:电极桶样水浸润]
2021-09-04 16:00:36	[主流程:沉沙缸润洗流程][子流程:电极桶进样]
2021-09-04 16:17:06	[主流程:沉沙缸润洗流程][子流程:五参数测量]
2021-09-04 16:18:06	[主流程:沉沙缸润洗流程][子流程:电极桶样水浸润]
2021-09-04 16:21:06	[主流程:沉沙缸采样][子流程:电极桶样水浸润]
2021-09-04 16:23:06	[主流程:沉沙缸预处理][子流程:电极桶样水浸润]
2021-09-04 16:43:06	[主流程:样水杯排水][子流程:电极桶样水浸润]
2021-09-04 16:43:36	[主流程:样水杯润洗][子流程:电极桶样水浸润]
2021-09-04 16:44:06	[主流程:样水杯进样][子流程:电极桶样水浸润]
2021-09-04 16:44:16	[主流程:沉沙缸预处理][子流程:电极桶样水浸润]
2021-09-04 16:53:06	[主流程:制样分析][子流程:电极桶样水浸润]
2021-09-04 16:53:16	[CODMn][水样测试开始]
2021-09-04 16:53:17	[氨氮][水样测试开始]
2021-09-04 16:53:18	[总磷][水样测试开始]
2021-09-04 16:53:19	[总氮][水样测试开始]

图 6-2　系统日志

（1）润洗流程：润洗是流程中一个必要的步骤，包含电极桶润洗、沉砂缸润洗、样水杯润洗、各个管路润洗等。通过对各个管路、各个容器的充分润洗，可以有效避免管路、容器残存液体对本周期数据的干扰。

（2）采样流程：采样包含电极桶采样、沉砂缸采样。通过电极桶采样流程获得五参数周期数据。五参数采样流程的时间可以通过两种方式获得：一是通过信号采集，以稳定的五参数信号值来判定采样流程达到要求并结束采样；二是固定时间采集，通过设置固定的采样时间，电极桶进样后经过一个固定的时间段，到达时间后系统采集五参数数据。设定的固定采集时间以能获得持续稳定的五参数数据为最优时间，但不宜超过 15 min。

（3）样水杯进样流程：样水杯进样流程应包含样水杯润洗和样水杯进样两个过程。样水杯润洗过程应当对样水杯杯壁及其所属管路做充分浸润，避免上次残留水样对本次测量造成影响。

（4）制样分析流程

制样分析流程应包含启动各个仪表测试的命令，仪表触发后，流程日志转为仪器日志记录，并能实现无缝对接，如图 6-3 所示。

2021-09-05 16:52:57	[CODMn][水样测试开始]
2021-09-05 16:52:58	[氨氮][水样测试开始]
2021-09-05 16:52:59	[总磷][水样测试开始]
2021-09-05 16:53:00	[总氮][水样测试开始]
⊟ 仪器日志	
2021-09-05 16:52:58	<<仪器测量开始
2021-09-05 16:53:16	[水样测试][流程:计量信号检测]
2021-09-05 16:54:37	[水样测试][流程:润洗进样管]
2021-09-05 16:54:47	[水样测试][流程:抽取水样进检测室]

图 6-3　仪器日志记录

2. 仪器日志

仪器日志是数据溯源的一个重要的参考内容，仪器日志的完整程度对于运维人员来说是判断仪器是否正常的一个重要参考。仪器日志是指仪表按流程走完一个测试周期所有的节点记录，一个正常的仪器日志，运维人员可以根据日志流程步骤判断出故障部位，对当天运维工作具有指导性意义，可以节约现场判断时间，有利于提高运维效率、减少运维成本，如图 6-4 所示。

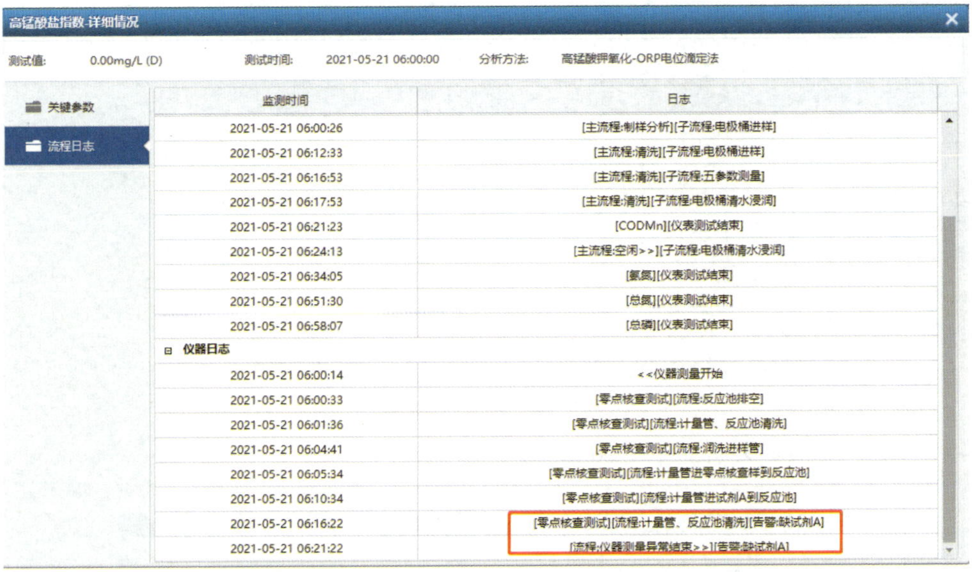

图 6-4　仪器日志

仪器日志带有对应监测步骤的时间，审核人员可以通过监测的时间判断该数据是否为本周期数据，确保数据真实性。

3. 平台反算

平台反算是根据每个测量数据的信号值及运维机构关键参数备案的数据，平台运用固定的公式算法进行反算以匹配自动上传的周期数据。如果匹配，数据的溯源性则有依据，从而保证自动仪表测试数据传输到平台的真实性、准确性，杜绝弄虚作假。

平台反算的基本前提是关键参数匹配，当平台采集的每个测量数据的关键参数都与平台的备案范围相匹配，才能进行关键参数反算的步骤，即匹配是反算的前提。平台根据备案关键参数信息和上传测试数据产生的关键参数值对相关上传测试数据进行反算匹配。

以某公司上传到平台数据的平台反算结果是否匹配为例。

（1）氨氮水质在线分析仪平台关键参数备案（图 6-5）：

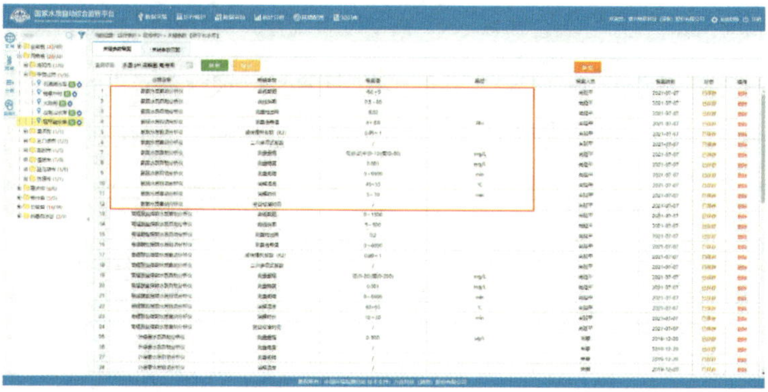

图 6-5　平台关键参数备案

（2）平台关键参数匹配（图 6-6）：

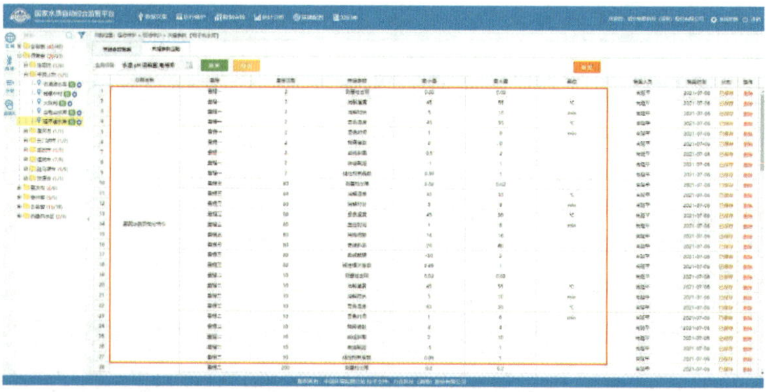

图 6-6　平台关键参数匹配

（3）平台根据传输测试当前数据产生的关键参数值进行匹配反算（图 6-7）：

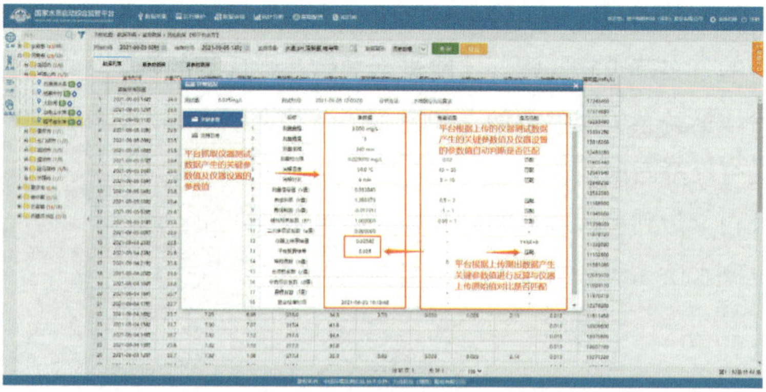

图 6-7　平台关键参数之匹配反算

第二节 数据审核

（1）每日 12：00 前，运维人员对前一日的数据进行一级审核及异常数据核实，运维机构安排专人进行复查。若有未审核站点，由专人负责督促并跟踪落实审核结果。

（2）运维人员需要根据日志记录、质量控制情况、近期运维情况、气象与水文条件、上下游数据和逻辑关系等因素，对数据进行综合分析，对确定无效的数据进行标记后，注明数据无效的原因，再进行提交。

（3）数据审核过程中发现异常波动情况（数据超标、数据波动过大），须及时分析（查看日志、关键参数、相关参数变化趋势、近期运维情况、水文情况等）并向区域项目负责人汇报，必要时须前往水站现场核实。

（4）每月最后一日为平台自动审核，运维人员应关注自动审核后的数据情况。

（5）每日查看平台「统计分析」—「应用展示」—「每日异常数据核实的内容」。如有异常，应及时进行核实。

（6）每月初通过平台查看「统计分析」—「应用展示」—「每月劣Ⅴ水站核实」，对异常情况进行核实。

第三节 实例分析

一、实例一

该水站位于长江干流，浊度数据在 5 月 11 日 17：00 开始出现突变。经核查，运维人员于 5 月 11 日 16：50 左右进行了一次五参数周核查，由于核查操作不规范，导致核查前后数据出现明显变化（图 6-8）。5 月 14 日 16：00 对浊度进行重新校准与核查，数据恢复至正常范围。由于运维人员在 5 月 11 日校准曲线时校准结果偏差过大导致仪器测量结果不准确，因此，5 月 11 日 16：00—5 月 14 日 16：00 浊度被判定为无效数据。

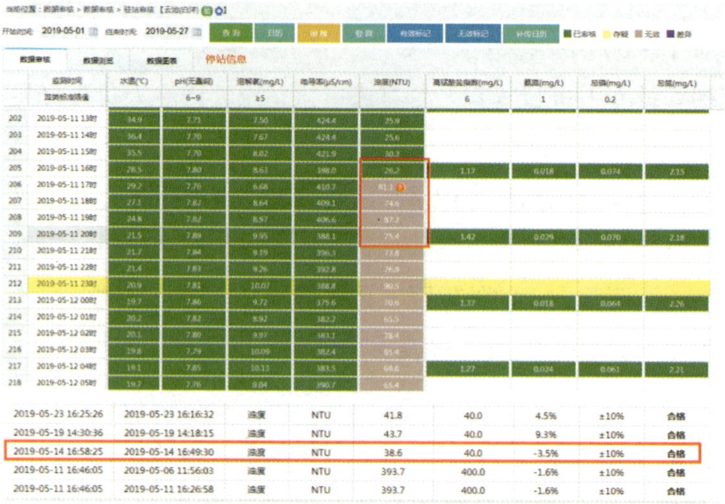

图 6-8　因周核查不规范导致数据突变

二、实例二

该水站位于淮河流域某支流，总氮浓度持续降低，甚至出现 0 值，且不符合总氮测量值必须大于氨氮测量值的逻辑关系。经核实、数据出现异常后，运维人员并未及时发现问题并进行排查，7 月 17 日运维人员维护后浓度上升。同期氨氮浓度并无变化。判断为仪器问题导致数据持续降低，总氮 0.6 mg/L（维护后总氮浓度）以下为无效数据，见图 6-9。

图 6-9　维护不当导致总氮异常降低

三、实例三

该水站位于海河流域某水库，经常出现浊度数据持续升高，经现场维护后降低，而后又升高的现象（图 6-10）。经现场确认，由于水中悬浮物多，会经常性黏附在探头上导致数据持续升高。因此，若遇此类情况，运维人员应增加探头清洗频次，减小悬浮物黏附探头对数据监测的影响。

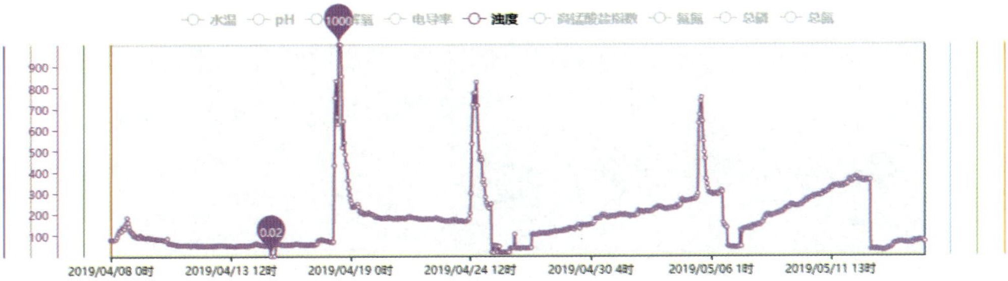

图 6-10　浊度探头黏附导致数据持续升高

四、实例四

该水站位于珠江流域，高锰酸盐指数长期处于 1 mg/L 左右，自 7 月 21 日起突降至负值（图 6-11）。经核实，数据出现异常后，运维人员未进行现场维护确认数据。该数据经专家讨论后，责令运维人员进行现场维护，维护后数据恢复正常。因此，7 月 21—24 日，由于维护不到位导致偏低的数据判定为无效（注：图 6-11 中 8.23 mg/L 为维护数据）。

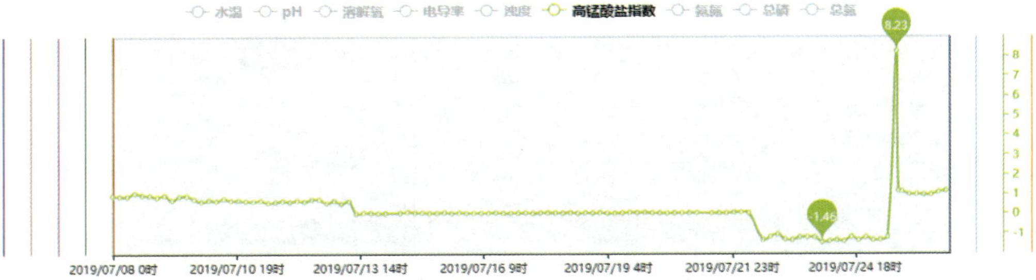

图 6-11　高锰酸盐指数异常偏低数据

五、实例五

该水站位于珠江流域，为入海控制断面。该水站于 5 月 5—10 日溶解氧数据偏低。经核实确认，由于运维人员维护不到位，没有及时添加电极液导致溶解氧数据偏低（图 6-12），5 月 11 日经维护后，溶解氧数据恢复正常，核查结果合格。故判定维护前偏低数据无效。

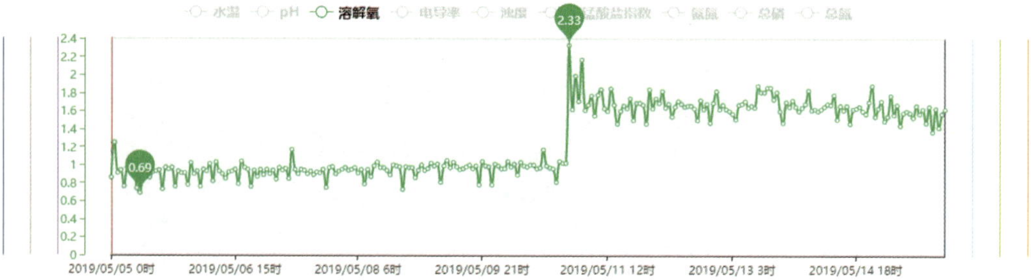

图 6-12　维护不到位导致溶解氧偏低

六、实例六

该水站位于长江流域某支流，停站信息显示 5 月 12 日 7：00—8：00 该站处于停站期间。由于运维人员停站信息填报错误，12 日 8：00 上传数据在停站期间，故判定为无效数据，见图 6-13。

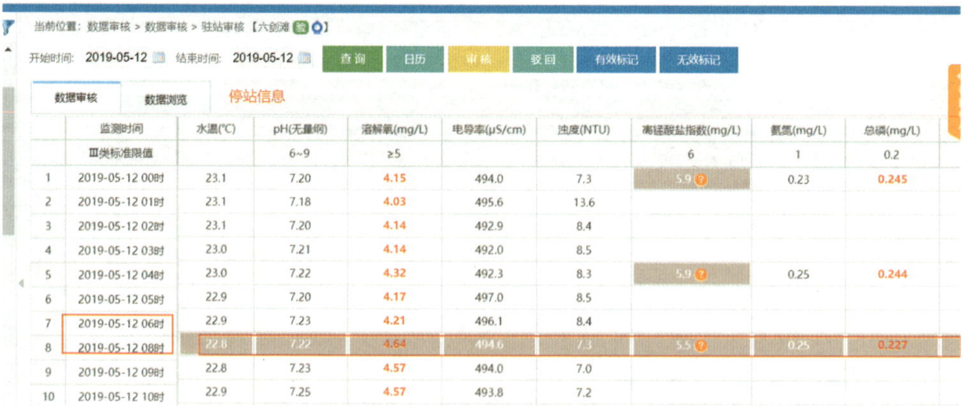
当前位置：数据审核 > 数据审核 > 驻站审核【六剑滩】

开始时间：2019-05-12　结束时间：2019-05-12　查询　日历　审核　驳回　有效标记　无效标记

数据审核　数据浏览　停站信息

	监测时间	水温(℃)	pH(无量纲)	溶解氧(mg/L)	电导率(μS/cm)	浊度(NTU)	高锰酸盐指数(mg/L)	氨氮(mg/L)	总磷(mg/L)
	Ⅲ类标准限值		6~9	≥5			6	1	0.2
1	2019-05-12 00时	23.1	7.20	4.15	494.0	7.3	5.9 ?	0.23	0.245
2	2019-05-12 01时	23.1	7.18	4.03	495.6	13.6			
3	2019-05-12 02时	23.1	7.20	4.14	492.9	8.4			
4	2019-05-12 03时	23.0	7.21	4.14	492.0	8.5			
5	2019-05-12 04时	23.0	7.22	4.32	492.3	8.3	5.9 ?	0.25	0.244
6	2019-05-12 05时	22.9	7.20	4.17	497.0	8.5			
7	2019-05-12 06时	22.9	7.23	4.21	496.1	8.4			
8	2019-05-12 08时	22.8	7.22	4.64	494.6	7.3	5.5 ?	0.25	0.227
9	2019-05-12 09时	22.8	7.23	4.57	494.0	7.0			
10	2019-05-12 10时	22.9	7.25	4.57	493.8	7.2			

图 6-13　停站期间无效数据

七、实例七

该水站高锰酸盐指数更换试剂后未进行仪器校准，根据运维相关规范要求，该数据判为无效，见图 6-14。

溶解氧(mg/L)	电导率(μS/cm)	浊度(NTU)	高锰酸盐指数(mg/L)	氨氮(mg/L)	总磷(mg/L)
II类	-	-	IV类	I类	II类
≥5			6	1	0.05
7.61	453.0	0.0			
8.53	451.2	61.9			
8.40	451.3	30.7			
7.63	452.5	0.0	8.2	0.10	0.026
6.83	453.2	0.0			
7.62	452.8	0.0			
7.34	452.5	0.0			
8.51	450.8	0.0	8.6	0.10	0.025
8.85	450.4	51.0			
7.95	450.9	63.0			
7.33	451.9	11.1			
5.53	453.8	[illegible]			
5.43	453.8	90.3	3.5	0.09	0.020
6.21	454.1	76.4			
5.78	454.2	90.3			
5.96	454.3	81.4			
25	25	25	6	6	6

水质明显转好，经确认现场更换了试剂。

图 6-14　高锰酸盐指数仪器更换试剂后数值明显降低

八、实例八

该水站总氮水样测试值已超过跨度核查标样浓度值，不符合运维相关规范要求，故判定为无效数据，见图 6-15。

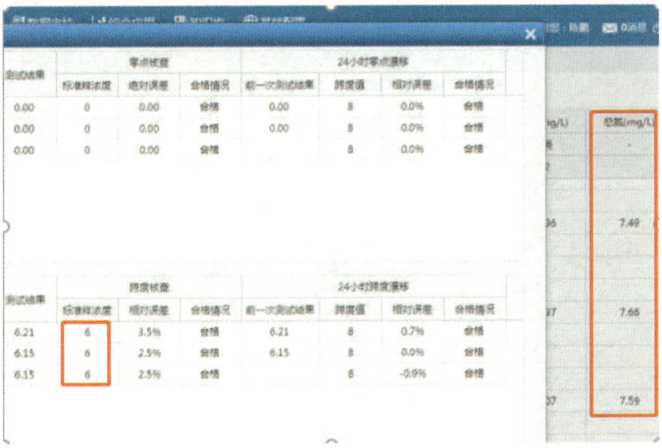

测试结果	零点核查			24小时零点漂移			
	标准样浓度	绝对误差	合格情况	前一次测试结果	跨度值	相对误差	合格情况
0.00	0	0.00	合格	0.00	8	0.0%	合格
0.00	0	0.00	合格	0.00	8	0.0%	合格
0.00	0	0.00	合格		8	0.0%	合格

测试结果	跨度核查			24小时跨度漂移			
	标准样浓度	相对误差	合格情况	前一次测试结果	跨度值	相对误差	合格情况
6.21	6	3.5%	合格	6.21	8	0.7%	合格
6.15	6	2.5%	合格	6.15	8	0.0%	合格
6.15	6	2.5%	合格		8	-0.9%	合格

图 6-15　总氮水样测试值超过跨度核查值

九、实例九

该水站运维人员通过修改零点核查标样浓度值，使核查结果合格，该日数据应判为无效数据，并应追究运维人员相应责任，见图 6-16。

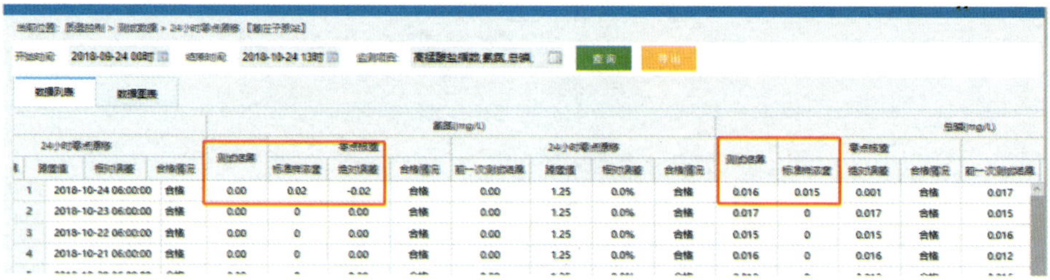

图 6-16　运维人员违规调整标样浓度

第七章　质量管理与质量控制

地表水水质自动监测的稳定运行需建立在完善的质量管理体系下。通过运维机构内部完善的质量管理体系及监测过程中的管控，保障数据来源可靠、监测过程真实，最终通过总站对数据结果进行的审核与评价；通过建立外部质量控制管理体系，以分析、判断、验证水质自动监测获取的数据，最终能真实客观地反映地表水水质的状况，见图 7-1。

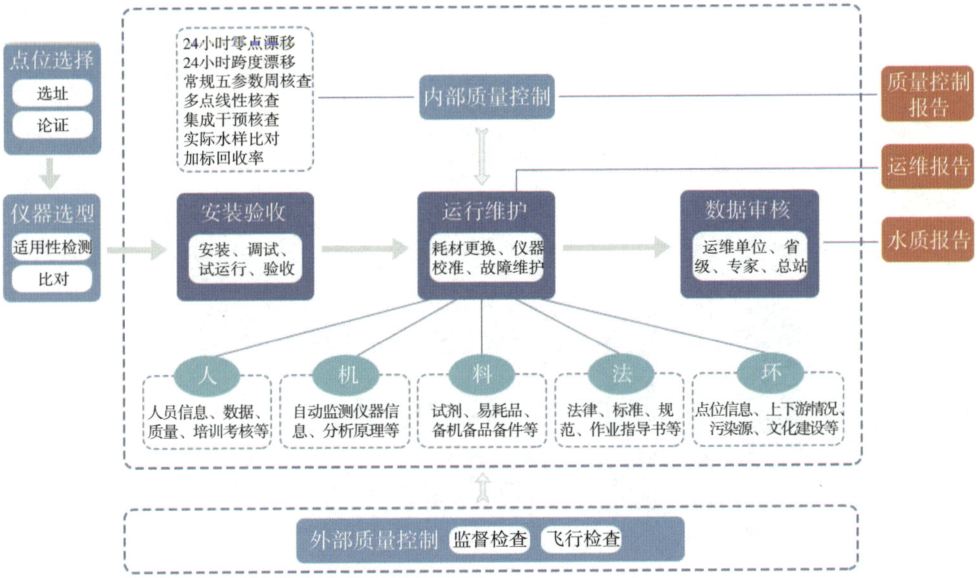

图 7-1　地表水自动监测质量控制与保证体系

第一节　内部质量控制管理

一、建立一体化内部质量体系

运维机构应建立覆盖监测全过程、涵盖监测全要素的一体化内部质量管理体系，其内容应包含人员管理、设备运行监督、物料来源控制、法律法规及行业技术方法、监测环境保障等多方面，见图 7-2。

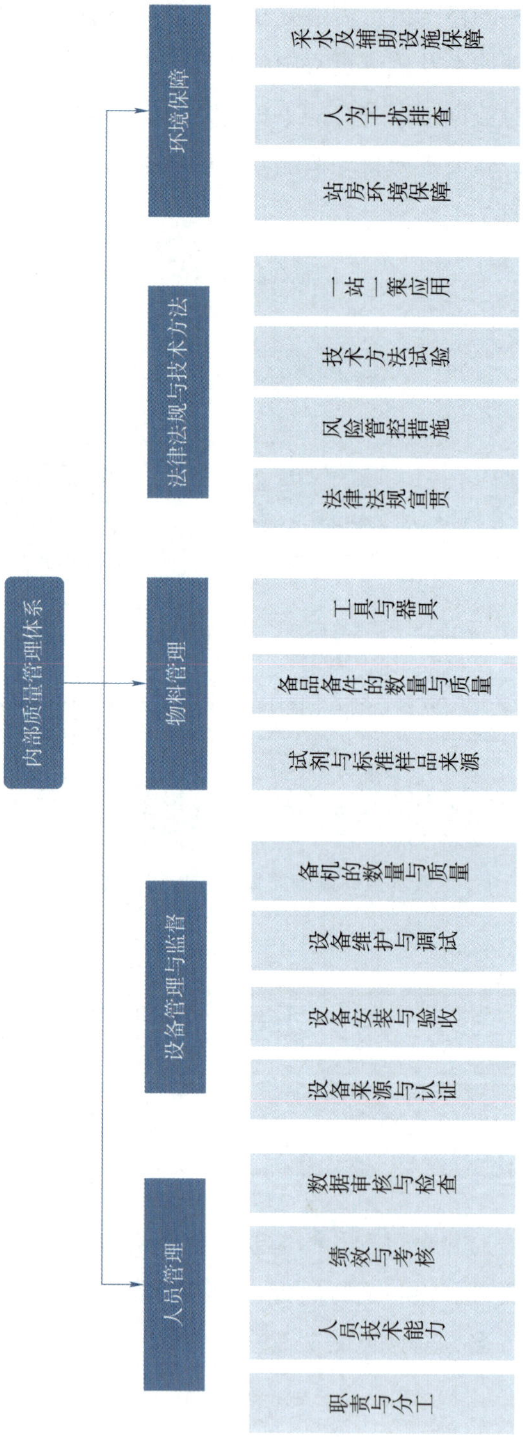

图 7-2　内部质量管理体系

二、明确内部质量监督范畴

基于内部质量管理体系运行下的工作内容，运维机构负责人应对内部“人、机、料、法、环”各个环节采取管控措施，对人员职责、岗位分工、技术能力验证、数据分析总结、设备运行情况、法律法规认知、技能方法宣贯、备机备品备件等多方面、多要素建立监管措施。

三、确立内部监督检查部门

国控水站设置内部质量监督检查部门，专人专岗定期对内部质量运行情况进行监督检查。内部质量监督部门应采用远程、现场检查等方式，开展运维站点全时段、全覆盖监督管理，保证国控站点持续、稳定运行，保障监测数据质量“真、准、全”，见图 7-3。

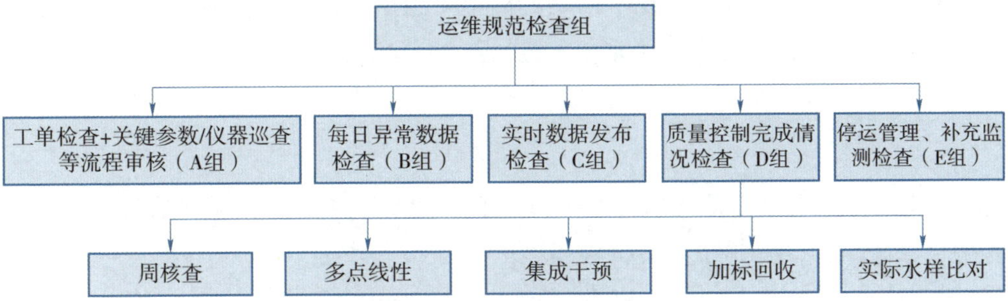

图 7-3　国控水站运维规范检查组职责分工图

第二节　内部质量控制要求

一、运维机构

应具备环境数据监测的资质，并在允许范围内开展工作。保证客观、公正和独立地从事环境监测活动，对在线监测的数据负责。

运维机构应包含专业技术人员和管理人员，明确关键岗位人员的工作职责，具备从事环境监测活动所需要的仪器设备和实验环境等基础设施。其中关键岗位人员指与质量体系有直接关联的人员，包括最高管理者、技术负责人、质量负责人、质量监督员、内审员、特殊设备操作人员、仪器设备管理人员、样品管理人员、档案管理人员、报告审核和授权签字人等。

应有保护国家秘密、商业秘密和技术秘密的程序，并严格执行。

二、人员

所有从事监测活动的人员应具备与其承担工作相适应的能力，接受相应的教育和培训，并按照国家生态环境主管部门的相关要求持证上岗。持有合格证的人员，方能从事相应的监测工作；未取得合格证者，只能在持证人员的指导下开展工作，监测质量由持证人员负责。特殊岗位的人员应根据国家相关法律法规的要求进行专项资格确认。

应建立所有监测人员的技术档案。档案中至少包括如下内容：学历、从事技术工作的简历、资格和技术培训经历等。

三、仪器设备

应建立仪器设备（含自动在线等集成的仪器设备系统）的管理程序，确保其购置、验收、使用和报废的全过程均受控。

对监测结果的准确性或有效性有影响的仪器设备，包括辅助测量设备，应有量值溯源计划并定期实施，并在有效期内使用。

量值溯源方式包括：

（1）检定：列入国家强制检定目录，且国家有检定规程的仪器应经有资质的机构检定。

（2）校准：未列入国家强制检定目录或尚没有国家检定规程的仪器可由有资质的机构进行校准，也可自校准。自校准时，应有相关工作程存，编制作业指导书，保留相关校准记录，编制自校准或比对测试报告，必要时给出不确定度。校准结果应进行内部确认。当校准产生了一组修正因子时，应确保其得到正确应用。

所有仪器设备都应有明显的标志表明其状态。

对监测结果的准确性或有效性有影响的仪器设备，在使用前、维修后恢复使用前、脱离实验室直接控制返回后，均应进行校准或核查。现场监测仪器设备带至现场前或返回时，应进行校准或检查。

对于稳定性差、易漂移或使用频繁的仪器设备，经常携带到现场检测以及在恶劣环境条件下使用的仪器设备，应在两次检定或校准间隔内进行期间核查。

所有仪器设备都应建立档案，并实行动态管理。档案包括购置合同、使用说明书、验收报告、检定或校准证书、使用记录、期间核查记录、维护和维修记录、报废单等以及必要的基本信息，基本信息包括名称、规格型号、出厂编号、管理（或固定资产）编号、购置时间、生产厂商、使用部门、放置地点和保管人等。

四、监测方法

应按照相关标准或技术规范要求，选择能满足监测工作需求和质量要求的方法实施监测活动。原则上优先选择国家环境保护标准、其他的国家标准和其他行业标准方法，也可采用国际标准和国外标准方法，或者公认权威的监测分析方法，所选用的方法应通过实验验证，并形成满足方法检出限、精密度和准确度等质量控制要求的相关记录。

对超出预定范围使用的标准方法、自行扩充和修改过的标准方法，应通过实验进行确认，以证明该方法适用于预期的用途，并形成方法确认报告。确认内容包括：样品采集、处置和运输程序，方法的检出限、测定范围、精密度、准确度，方法的选择性和抗干扰能力等。

与监测工作有关的标准和作业指导书都应受控、现行有效，并便于取用。

五、设施与环境

用于监测的设施和环境条件，应满足相关法律法规和标准的要求。

实验室区域内应采取有效隔离措施，防止交叉污染。有毒有害废物应妥善处理，或交有资质的单位处置。应建立并保持安全作业管理程序，确保危险化学品、有毒物品、有害物品、辐射、高温、高压、撞击以及水、气、火、电等危及安全的因素和环境得到有效控制，并有相应的应急处理措施，危险化学品储存应执行其相关规定。应制定并实施有关实验室安全和人员健康的程序，并配备相应的安全防护设施。

现场监测时，监测时段的气象等环境条件，水、电和气的供给等工作条件，企业工况及污染物变化（稳定性）条件应满足监测工作要求。应有确保人员和仪器设备安全的措施。

第三节　外部质量控制管理

外部质量控制管理主要是针对运维机构内部质量一体化运行情况进行结果验证。建立以数据质量为核心的运行总结与会商制度，并增加远程质量控制、盲样考核、飞行检查、水样比对等质量考核方式的外部质量控制管理手段。通过每月对国控水站运行情况的检查，总结质量运行情况，开展监测数据分析，剔除非受控数据结果。对运维机构内部质量管控措施落实情况的检查，自查纠错，研究进一步提升运维质量的对策与措施；通过定期随机远程质量控制、盲样考核、飞行检查、地方监测单位实验室与运维机构 CMA 实验室交叉水样比对等方式，对国控水站的数据质量进行评价，并在纠错改进过程中持续提升数据质量。

一、监测数据质量运行总结与会商

总站每月组成专家组对数据审核中持有异议的数据进行分析和确认，并对最终结果与站点运行质量情况进行会商。针对运维问题召集运维机构开展运行情况通报，对运维机构内部的质量管理措施及效果进行分析、评估与确认，并提出纠正与改进要求，持续跟踪其落实情况，保障水站稳定运行与监测数据准确可靠。

二、远程质量控制监督

根据水质达标情况或变化趋势和国控水站运行情况，确定远程质量控制实施范围与频次。开展远程质量控制工作应满足以下要求：

（1）存在突发环境事件、水质异常、周边环境异常、仪器设备异常或关键部件更换等情形的国控水站，可随时开展远程质量控制工作。

（2）根据国控水站运维与质量控制工作开展情况，制订月度远程质量控制计划，并按计划组织实施。

（3）随机抽取国控水站开展远程质量控制，实现国控水站远程质量控制年度全覆盖。

（4）远程质量控制开展时间应防止与监测仪器水样测试时间发生冲突，避免影响国控水站正常运行。

（5）曲线校准后，应保证关键参数在备案范围内。

（6）运维机构应按照相关技术规范及合同履约要求，接受总站统一调度，积极配合总站完成远程质量控制相关工作。

三、质量考核与结果评价

总站每月统一采购标准物质，根据站点数据质量情况随机分配不同浓度盲样，定期对运维机构进行盲样考核，对考核结果进行通报，并依据有关规定对不合格参数站点的运维费用进行相应扣除。

建立由总站、地方监测站、运维机构相关技术专家组成的水质自动监测联合检查专家库，不定期分配专家组开展飞行检查，对数据质量明显存在异议的站点重点检查，就水质变化明显、数据质量管理措施整改效果显著的站点进行“回头看”，并根据考核结果依合同约定及有关法律法规规定处理，对于运维表现优异的运维机构予以公示和表扬。

第四节　外部质量控制监督

为了提高监测数据的准确性、有效性和可比性，充分发挥自动监测数据使用效率，一方面需要不断提升水站管理人员的质量控制管理水平，提升管理人员对水质自动监测系统的熟悉程度、对仪器设备运行原理的掌握水平、对监测数据准确有效的判别能力；另一方面需要加强自动水站的质量监督检查工作，自动水站外部质量监督检查包括数据质量分析、远程质量控制、盲样考核、质量监督检查、飞行检查、水样比对测试等。

“国家地表水自动监测站现场监督检查评分表——固定站”见附件四，“地方保障问题记录表”见附件五，“现场监测仪器校准 / 核查记录表及监测项目比对记录表”见附件六，“盲样考核记录表”见附件七。

一、数据质量分析

总站负责每月对各国控水站的运维数据进行质量分析，对数据有效性审核存在异议的数据组织专家会审，对各水站运维质量情况进行计分排名。通过平台检查方法对国控水站运维规范性进行复核，对各国控水站日质控、周质控、月质控未完成情况进行通报，对国控水站日质控、周质控、月质控完成合格情况进行通报，针对存在运维不规范、质控措施不严谨、质控不合格的站点进行逐点原因分析，并采用“一对一约谈”方式促进运维机构提高运维质量，督促整改，保障国控水站数据运维质量。

二、远程质控

远程监管由总站指派检查人员开展相关工作，工作流程如图 7-4 所示。

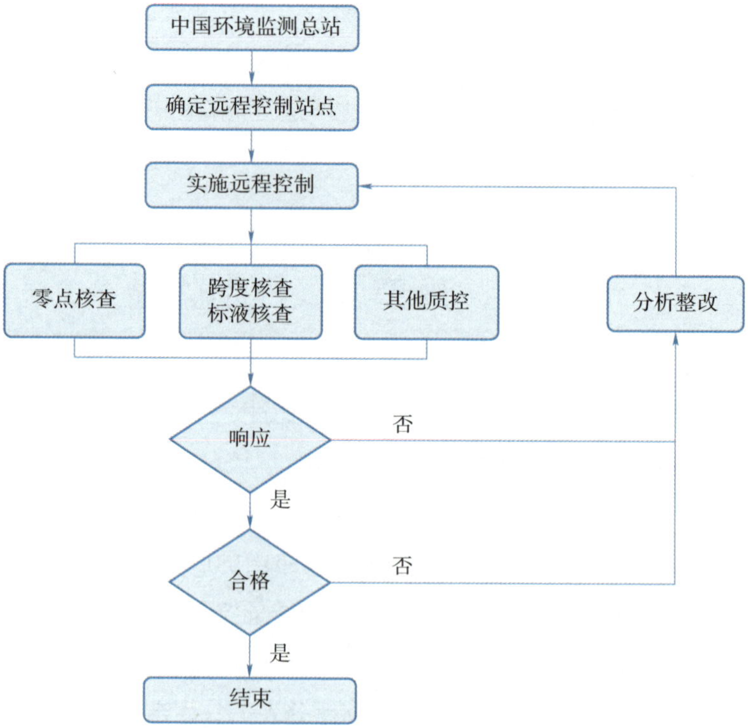

图 7-4　远程质控流程

建立远程质控结果考核与运维经费挂钩的考核机制，将质控结果作为运维经费支付的主要依据之一。

远程监管时，质控结果应及时反馈运维机构。未及时响应远程控制指令以及远程质控不合格的国控水站，运维机构应立即组织整改，完成后反馈远程质控检查人员再次开展远程质控工作。

现场自查时如出现以上情况，运维人员应自行开展排查工作。针对未响应或不合格水站，运维机构应及时开展以下工作：

①未及时响应远程质控指令的站点，运维机构应进行现场工控机、监测仪器排查，及时完成整改，并再次开展远程质控工作，直至合格。

②远程质控不合格的站点，运维机构应采取现场排查，开展仪器校准、试剂更换、仪器维修等措施完成整改；远程质控合格前，水样监测数据无效。

③未能按时完成整改工作的站点运维人员按照“异常响应不及时”处理，纳入运维人员计分考核。

建立远程质控结果考核与运维经费挂钩的考核机制，将质控结果作为运维经费支付的主要依据之一，确保地表水自动监测数据真实准确。

三、盲样考核

盲样检查是开展国控水站运维检查工作的重要内容，能直接反映仪器设备的准确性和运维人员的操作水平。综合考虑地域、水体情况等因素，盲样浓度应依据《国家地表水水质自动监测站盲样考核管理规定（试行）》相关要求选择：

氨氮、高锰酸盐指数和总磷盲样浓度应高于或接近河流Ⅱ类水标准。

总氮盲样浓度应高于或接近湖库Ⅳ类水标准。

感潮断面使用碱性高锰酸盐指数仪器不纳入检查。

盲样来源应可溯源，建议从标准样品研究所购买。

盲样考核指采用同一来源已知浓度的标准样品对水站在线监测仪器进行考核测试，盲样考核的主要参数为pH、高锰酸盐指数、氨氮、总氮和总磷。每月通过国家水质自动综合监管平台（以下简称平台）对每个包件随机抽取一定比例的站点开展盲样考核，原则上每年覆盖所有国控水站。

①盲样考核分为现场监督考核和非现场监督考核两种方式。为及时掌握现场

盲样考核情况，可加大现场盲样考核力度，综合评价盲样考核结果。

②总站每月 10 日前完成环境标准样品编码和分发，并将环境标准样品信息录入平台。如遇特殊情况，盲样发放与报送时间由总站另行通知。

③各国控水站运维机构须积极配合国控水站盲样考核工作，按规范要求对环境标准样品进行配制，于每月 25 日前通过平台完成盲样考核测试，考核测试结果需在当日自动上传平台。

④盲样考核要求见表 7-1。

表 7-1　盲样考核要求

考核参数	pH	氨氮	总磷	高锰酸盐指数	总氮
考核标准	≤ ± 0.15 pH	≤ ± 15%		≤ ± 20%	

四、质量监督检查

国控水站运维质量监督检查的类型包括例行检查、交叉检查、存疑站点检查、联合检查、远程视频检查等。

1. 例行检查

例行检查是由总站制订检查计划，组织专业机构每月开展的例行性检查，或对已开展过检查的站点进行复查。总站根据年度检查计划，每月均选取一定比例的站点，组织检查机构开展例行检查工作，目的在于监督运维机构是否严格执行相关技术规范，核查该站点在既往检查中存在的问题是否反复，防范运维机构出现懈怠心理。例行检查的内容包括运维体系检查、水样比对、盲样考核及视频监控检查。

2. 交叉检查

交叉检查是由总站组织各运维机构对自身责任范围外的站点进行检查，以达到不同运维机构对问题相互交叉核实的效果。交叉检查可以避免运维检查工作出现系统性偏颇，有效促进检查机构检查水平的提升。交叉检查内容要求参照例行检查要求执行。

3. 存疑站点检查

存疑站点检查是指由总站组织检查机构对部分监测结果存疑站点，或存在投诉、举报等各种渠道反馈的有人为干扰监测数据嫌疑的站点，不定期开展的检查：

（1）存疑站点检查重点关注存疑环节的检查；

（2）存疑站点检查其他内容要求参照例行检查要求执行。

4. 远程视频检查

为不断提高国控水站数据运维质量，总站组织总站、地方站点、运维机构专家组成视频检查小组，对国控水站站点采用现场与远程视频相结合方式，进行运维工作检查。

因为外部环境因素导致现场检查存在一定风险时，宜采用远程视频检查方式，减少现场检查的防控风险。

应提前将检查流程及应查资料告知运维人员，运维人员应第一时间做好准备工作。

专家采用提问和远程核实的方式，完成国控水站站房及周边环境检查、仪器运行关键参数及状态检查、平台填报规范性检查、廉洁运维要求检查和仪器质量控制核查及水样比对等工作。

针对检查问题，采用一站一报、闭环式管理，挂账销账整改制度，限期完成整改，问题严重的予以通报。

五、飞行检查

飞行检查是指站点随机、时间随机，在不事先联系运维人员的前提下按照运维计划，总站组织专家组自行前往站点开展的一种突击性检查方式，其目的是进一步增强现场监督检查力度，提高运维人员工作的规范性。

①飞行检查点位由总站直接下达，或由检查机构根据总站要求，针对重点点位、问题发生率较高的点位进行选取；

②参与飞行检查人员需严格遵守保密规定，不得向运维机构透露检查计划；

③飞行检查其他内容要求参照例行检查要求执行。

六、水样比对测试

水样比对是指每年度组织地方监测站、运维机构 CMA 实验室，对国控水站进行密码采样，通过专用的采样平台指派采样任务，任用运维机构非运维技术人员负责采集样品，将样品在规定的 18 小时内送往任务指定的地方监测站实验室或第三方 CMA 实验室，最终对比对结果进行分析。针对不合格参数，运维机构应及时调整采样方法、分析仪器测试情况、分析人员操作流程，查找比对不合格原因，制定整改方案，重新复测，直至比对合格，用以验证水质自动监测站分析仪器数据的准确性，针对比对过程中取得的分析结果，合理纠错，规范运维，保障国控水质自动监测站的数据质量。

附件一　全国地表水自动监测站运维分析报告

全国地表水自动监测站
运维分析报告
（202× 年 ×× 月）
（×× 包）

×× 公司

二〇二 × 年 ×× 月

目 录

1　运维项目概况

2022 年 ×× 月，×× 包共有 ×× 个水站开展监测工作。全月停站的站点 ×× 个，运行率为 ××%，平均数据有效率为 ××%，水站合格率为 ××%。

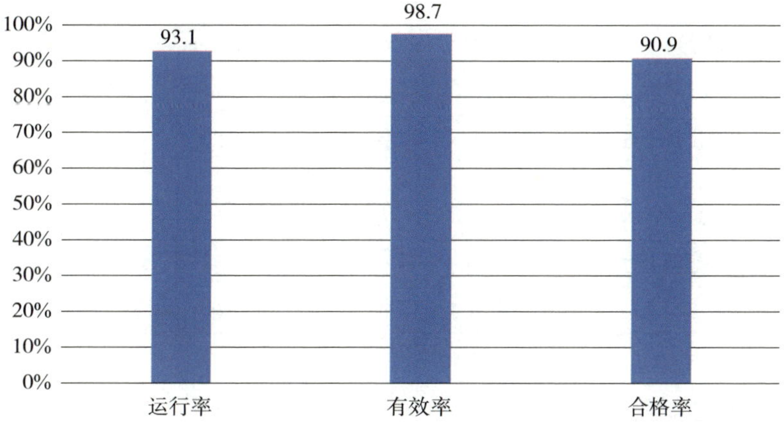

图 1-1　×× 月站点运行情况（示意图）

1.1　履约情况

表 1-1　履约情况统计表

包件	水站数量	项目负责人	技术负责人	质量负责人	报告编制人	数据审核人	运维人员	持证人员	离职人数	办事处	运维车辆	运维船只

表 1-2　履约情况统计表

包件	水站数量	移动监测车	筹建中监测车进度	CMA 实验室（自有）	筹建中实验室进度	执法记录仪	便携设备（套）	便携设备（检定）	备机（套）	备船（浮船）	备品备件库数量

表 1-3　履约情况统计表

包件	水站数量	试剂配制人员数量	试剂配制人员（姓名）	标液配制人员数量	标液配制人员（姓名）

2 运维质量管理体系建设情况

质量管理体系建设情况：目前完成质量手册、程序文件、作业指导书编写，下一步主要完善体系文件，针对各站实际情况完善一站一策的作业指导书。××包目前试剂、标准溶液均由公司及当地 CMA 实验室统一配制，合作物流公司配送；并且每站配备有证标准物质用于定期核查。目前还需要提高运维人员技术能力，加强运维人员对相关制度要求的落实与执行。

公司运维质量管理体系建设进度见表 2-1。

表 2-1 ×× 月质量管理体系完成情况统计表

序号	管理办法	程序文件	作业指导书	记录表格
1	完成 / 未完成	完成 / 未完成	完成 / 未完成	完成 / 未完成

3 量值传递和溯源

3.1 仪器认证

×× 包涉及五参数及高锰酸盐指数、氨氮、总氮、总磷仪器，在用仪器及备机均为 ×× 品牌，均已认证。

表 3-1 未通过 CCEP 认证的设备统计表

序号	仪器品牌	仪器参数	仪器型号	说明

3.2 设备检定

×× 包共投入便携式设备 ×× 套。经过检定且具有完整检定证明的设备数量为 ×× 套，未经过检定的设备数量为 × 套。

表 3-2 便携式设备检定情况统计表

序号	便携式设备数量	未通过检定设备数量	经过检定设备数量

3.3　标样管理

××公司已建立标样管理体系。××包的标样来源分别为：××个水站公司自行配制标样，××个水站外部直接购买标样；配送方式分别为：××个水站现场稀释，××个水站统一配发。具体情况见表 3-3。

表 3-3　标样管理情况统计表

包件	标样管理体系	配送方式		标样来源		质控措施（有 / 无）
		现场稀释水站数 / 个（占比）	统一配发水站数 / 个（占比）	公司自行配制水站数 / 个（占比）	外部直接购买标样水站数 / 个（占比）	
	××公司	××（××%）	××（××%）	××（××%）	××（××%）	

3.4　试剂配制

××公司已建立试剂管理体系，试剂配送方式分别为：××个水站现场配制，××个水站统一配发。因试剂原因引起的故障数量为××次。

表 3-4　试剂配制情况统计表

包件	试剂管理体系（有 / 无）	配送方式		因试剂问题引起的故障次数 / 次
		现场配制水站数 / 个（占比）	统一配发水站数 / 个（占比）	
		××（××%）	××（××%）	××

4　运维服务

4.1　运维保障

××包××地区已设立运维办事处××个，配备运维人员××人，其中持证上岗人员××人；累计投入运维车辆××台；自建 CMA 实验室××个。

项目运维人员离职××人，新增××人，相比上月减少了××名运维人员，持证人员相比上月增加××人。

表 4-1 ×× 月包件运维资源配置表

包件	分布省份数量 / 个	办事处数量 / 个	运维车辆 / 台	行驶里程 / 公里	运维人员 / 人	离职运维人员 / 人	持证（总站发放）人数 / 人

表 4-2 ×× 月 CMA 实验室建设进度情况统计明细表

包件	建设完成数量 / 个	正在装修数量 / 个	申请资格证数量 / 个	预计完成时间
备注：如有未建成情况，是否已经与第三方实验室签订合同。				

表 4-3 ×× 月移动监测车建设进度情况统计明细表

包件	移动监测车建设情况	完成时间 / 预计完成时间
	已完成 / 完成组装 / 牌照申请	

4.2 运维工作

本月共计 ×× 个站点开展了运行维护工作，包含例行工作、日常工作、应急维护、仪器故障处理。

（1）例行工作

例行工作包含查看每日质量控制情况、数据审核、发现异常数据现场排查、编制异常数据报告等。

本月共审核数据 ×× 次，发现数据异常到现场排查 ×× 次，编制数据异常报告 ×× 份。

表 4-4 ×× 月包件例行工作表

包件	运维机构	数据异常报告 / 份	一级数据审核率 /%
			××

（2）日常维护

日常维护包含站点巡检、试剂与标准样品更换、仪器校准、耗材及备件更换、仪器设备检修、废液收集。

本月共计日常维护 ×× 次，相比上月减少 ×× 次。周质控完成 ×× 站次，月质控完成 ×× 站次，完成率 ××%，质控未完成原因（如采水故障、供电故障、自然灾害影响等）影响，未能进行的部分质量控制工作。

本月共计更换试剂 ××L，标样 ××L，更换备件 ×× 套，其中主要备件 ×× 套。收集废液 ××L。

表 4-5　×× 包件运维维护统计表

站点巡检（总次数）/次	仪器校准（总次数）/次	更换试剂 / L	更换标液 / L	更换备件（总件数）/件	主要部件（总件）/件	废液收集 / L

（3）应急维护（停电断网采水故障）

本月公司累计进行了应急维护 ×× 次，导致应急维护的有 ××××××××× 等。针对监测数据异常进行了 × 次应急响应。其中 ×× 原因占比 ××%，×× 原因占比 ××%。

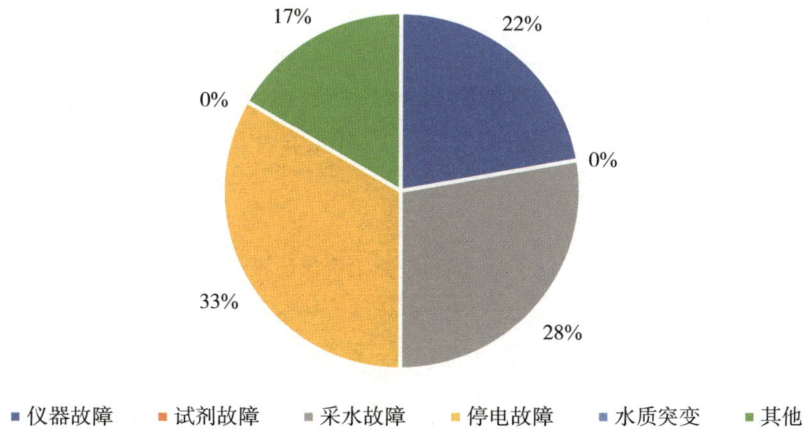

图 4-1　各故障异常占比图

（4）仪器故障处理

本月 ×× 包累计仪器故障处理 ×× 次，具体情况见表 4-6。

表 4-6　仪器故障处理统计表　　单位：次

温度	pH	电导率	溶解氧	浊度	高锰酸盐指数	氨氮	总磷	总氮	叶绿素	藻密度

5　运维考核

5.1　流域中心检查

本月流域中心检查共开展 ×× 站次盲样考核测试。合格率见表 5-1。

表 5-1　检查情况统计表

考核站点次数 / 次	合格数量 / 次								
	水温	pH	溶解氧	电导率	浊度	高锰酸盐指数	氨氮	总磷	总氮

5.2　整改站点统计（挂账）

×× 包件上月需要整改的站点共计 ×× 个，全部已按要求完成整改 /×× 个站点未完成整改，未完成原因为 ×××。包件本月需要整改的站点共计 ×× 个，均已整改到位。

表 5-2　本月挂账情况统计表

运维机构	站点	省份	包件	问题	整改措施	整改完成（计划完成）时间	未完成原因

6　运维情况统计

6.1　数据有效率统计

（1）数据有效率统计（未扣除停运影响）

本月××包参与统计的××个站中，平均数据有效率为××%。

（2）数据有效率统计（扣除停运影响）

本月××包参与统计的××个站中，平均数据有效率为××%。

6.2　运行合格率统计

（1）水站合格率（未扣除停运影响）

本月××包参与统计的××个水站中，有××个合格水站（所有监测指标的数据有效率均达到80%），水站合格率为××%。

（2）水站合格率（扣除停运影响）

本月××包参与统计的××个水站中，有××个合格水站（所有监测指标的数据有效率均达到80%），水站合格率为××%。

6.3　平台填报统计

本月××包的××个水站填报统计情况如下：

①经纬度信息均已录入；

②站点参数均已录入；

③站点图片均已上传；

④运维填报汇总统计，未填写巡检记录的水站为××个；

⑤关键参数均已报备；

⑥一级审核率为××%。

表6-1　平台填写记录情况统计表

站点数量/个	巡检次数/次	关键参数备案	一级审核率/%	访客登记

7 运维自查情况总结

7.1 站点自查

本月 ×× 包安排 ×× 人进行站点自查，人均检查数量为 ×× 站次。

表 7-1 ×× 月运维机构站点自查表

包件号	检查人员	人员职务	检查省份	检查数量 / 个	占比 /%

7.2 站点自查问题

本月站点自查问题涉及 ××××× 等，均已督促运维人员进行整改。

表 7-2 ×× 月站点自查问题汇总表

包件号	省份	站点名称	站点问题	整改方法	整改完成情况

7.3 运维船只投入情况

本月 ×× 包购买船只数量为 ×× 只，租用船只 ×× 次。

表 7-3 ×× 月运维船只投入统计表

包号	运维机构	站点数量 / 个	分布省份数量 / 个	购买船只数量 / 只	租用船只次数 / 次

8　运维服务总结

8.1　下月工作计划

8.2　风险管控情况

附件二　运维计划

202× 年 ×× 月第 ×× 包
运维计划

运维机构：××××

二〇二 × 年 ×× 月 ×× 日

1　包件运维情况小结（部门填写）

××包共有××个国家地表水自动监测站，涉及×××等××个省份。××月份整月停站站点××个，共开展××个水站运维工作。各参数数据有效率情况、各参数质量控制合格情况见表1-1；×××××等应急维护情况、应急维护中存在的问题及解决措施详见表1-2。

表1-1　××月各参数数据有效率及质量控制合格情况统计表　　单位：%

参数项	数据有效率	日质控合格率	周核查合格率	多点线性合格率	集成干预合格率	加标回收合格率	实际水样比对合格率
水温							
pH							
溶解氧							
电导率							
浊度							
高锰酸盐指数							
氨氮							
总磷							
总氮							

表1-2　××月应急维护情况统计表

序号	日期	应急维护类别	站点名称	（仪器、试剂、水质突变）相关参数	应急维护中存在的问题	解决措施	是否及时响应
1							
2							
3							
4							
5							
6							

2 本月运维目标（部门填写）

本月各参数数据有效率目标××%、各参数质量控制合格率目标××%、备品备件保障按10备1及时维修更换。

3 水站质量控制实施计划（区域填写）

2022年××月，××包运维的××个站点中××个站点能够完成周质控的实施，××个站点的周质控实施受××××××原因影响不能按要求完成。

2022年××月，××包运维的××个站点中××个站点能够完成各项月质控的实施，××个站点的月质控实施受×××原因影响不能按要求完成。

表 3-1 ×× 包周质控实施计划统计表

序号	省份	城市	站点名称	站点编码	运维人员	三级审核人员	计划时间	五参数（1-7，8-14，15-21，22- 月底）				四参数周核查（只针对原有站）				巡检计划（填写日期）	应急计划（填写日期）	备注
								pH	电导率	溶解氧	浊度	高锰酸盐指数	氨氮	总磷	总氮			

备注：以上表格填写各站点每周计划的周核查实施时间及各参数计划使用的对应浓度，要求五参数 1 个月内至少采用两种以上浓度标准溶解进行核查（计划时间统一以 ×× 月 ×× 日格式）。

表 3-2　×× 包月质控实施计划统计表

序号	省份	城市	站点名称	站点编码	运维人员	三级审核	多点线性	水样比对	加标回收	集成干预	更换试剂	校准	数据备份	耗材及配件更换（半年度计划）	备注

备注：以上表格填写各站点多点线性、实际水样比对、加标回收和集成干预检查、更换试剂、校准、数据备份的计划实施时间（计划时间统一以 ×× 月 ×× 日格式）。

4　补充监测计划（区域填写）

2022 年 ×× 月，×× 包预计组织 ×× 个站点进行补充监测，其中因 ×× 影响进行补充监测的站点有 ×× 个，因 ××× 影响进行补充监测的站点有 ×× 个。预计 ×× 个站点采用便携式仪器进行补充监测，×× 个站点采用送至 CMA 实验室进行补充监测。

表 4-1　×× 情况统计表

序号	省份	城市	站点名称	站点编码	补充监测原因	预计实施时间	补充监测方式
1							
2							
3							
4							
5							

备注：以上表格填写包件内需要进行补充监测的站点补测计划实施时间，及当次补测的原因及补测方式，应严格按照《国家地表水水质自动监测站补充监测技术规定（试行）》执行。

5　疫情防控（区域填写）

2022 年 ×× 月，×× 包预计 ×× 个站点可能受到疫情影响，导致运维工作的开展受限，主要分布在 ××（地区），将持续关注当地疫情管控要求，管控级别降低后将积极做好运维工作。

表 5-1　×× 月受疫情影响水站统计表

包件	站点名称	运维机构	省份	站点属性

6　本月重点工作（区域填写）

××包××区域，根据总站及公司的工作部署，结合本区域的实际运维状况，本月将做出以下重点工作安排：

1.

2.

……

附件三　全国地表水自动监测站质量控制分析报告

全国地表水自动监测站
质量控制分析报告
（202× 年 ×× 月）

××××有限公司

二〇二×年××月

目　录

1 项目基本情况

×× 包共有 ×× 个国家地表水自动监测站，涉及 ××、×× 等省份。截至 ×××× 年 ×× 月，×× 包已验收站点（包含已交接站点）×× 个，未验收站点 ××（新建站点 ×× 个，上收站点 ×× 个），本月共开展 ×× 个水站运维工作，×× 个水站完全停运未监测。

2 运行情况

2.1 水站运行率

×× 包本月参评的水站 ×× 个，因采水、供电、断流等非运维原因共导致 ×× 个站点完全停运，×× 个站点部分时间停运。详见“附件 1 站点停运情况统计表”。

表 2-1 ×× 包站点 ×× 月运行统计表（不含未验收站点）

序号	站点类型	包内站点数 / 个	本月开展运维 / 个	本月涉及停运 / 个	水站运行率 /%
1	新建站				
2	上收站				
3	包件统计				

2.2 平均数据有效率（剔除停站）

本月包内站点数据有效率为 ××%，相比上月上升 ×× 个百分点。各参数的数据有效率分别为（从高至低）：水温 ××%，pH××%，电导率 ××%，溶解氧 ××%，浊度 ××%，高锰酸盐指数 ××%，氨氮 ××%，总磷 ××%，总氮 ××%。

2.3 平均数据有效率（包含停站）

本月包内站点数据有效率为 ××%，相比上月上升 ×× 个百分点。各参数的数据有效率分别为（从高至低）：水温 ××%，pH××%，电导率 ××%，溶解氧 ××%，浊度 ××%，高锰酸盐指数 ××%，氨氮 ××%，总磷 ××%，总氮 ××%。

2.4 站点合格率

本月包内各参数的数据有效率均达到80%以上的站点共计××个，包件站点合格率为××%，相比上月上升××个百分点。其中，包内新建站点合格率××%，相比上月上升××个百分点；上收站点合格率××%，相比上月上升××个百分点。

3 质量控制情况

3.1 日质量控制

本月日质控中，包内高锰酸盐指数合格率××%，氨氮合格率××%，总磷合格率××%，总氮合格率××%。与上月相比，××、××参数日质量控制合格率上升超过10%，××、××参数日质量控制合格率下降超过10%。

3.2 周质量控制

本月共××个水站完成五参数周核查，完成率为××%，周质控完成率相比上月上升××%，尚有××个水站因××原因未完成周质控工作。

本月包内周质控pH合格率××%，溶解氧合格率××%，电导率合格率××%，浊度合格率××%。与上月相比，××、××参数周质控合格率上升超过10%，××、××参数周质控合格率下降超过10%。

3.3 月质控

（1）多点线性核查

本月共××个水站完成多点线性核查，完成率为××%，多点线性核查完成率相比上月上升××%，尚有××个水站因××原因未完成多点线性核查工作。

本月包内多点线性核查的高锰酸盐指数合格率××%，氨氮合格率××%，总磷合格率××%，总氮合格率××%。与上月相比，××、××参数多点线性核查合格率上升超过10%，××、××参数多点线性核查合格率下降超过10%。

（2）实际水样比对

本月共××个水站完成实际水样比对，完成率为××%，实际水样比对完成率相比上月上升××%，尚有××个水站因××原因未完成实际水样比对工作。

本月实际水样比对各指标全部合格的站点共××个，各参数中pH合格率××%，溶解氧合格率××%，浊度合格率××%，电导率合格率××%，高锰酸盐指数合格率××%，氨氮合格率××%，总磷合格率××%，总氮合格率××%。

（3）集成干预实验

本月共××个水站完成集成干预实验，因Ⅱ类水以下断面不用开展集成干预实验，故实际完成率为××%，集成干预实验完成率相比上月上升××%，尚有××个水站因××原因未完成集成干预实验。

本月集成干预实验中，高锰酸盐指数合格率××%，氨氮合格率××%，总磷合格率××%，总氮合格率××%。

（4）加标回收率测试

本月共××个水站完成加标回收率测试，因Ⅱ类水以下断面不用开展加标回收率测试，故实际完成率为××%，加标回收率测试完成率相比上月上升××%，尚有××个水站因××原因未完成加标回收率测试。

本月加标回收率测试实验中，高锰酸盐指数合格率××%，氨氮合格率××%，总磷合格率××%，总氮合格率××%。

附件 1　站点停运情况统计表

站点停运情况统计表

包号	站点编号	站点名称	行政区	流域	子站改造		河流断流 / 水位过低		自然灾害		站点搬迁		停水停电		采水设施故障		总次数 / 次	总时长 / h	停站期间
					次数 / 次	时长 / h	次数 / 次	时长 / h	次数 / 次	时长 / h	次数 / 次	时长 / h	次数 / 次	时长 / h	次数 / 次	时长 / h			

附件 2　水站数据有效率、合格率统计表

水站数据有效率、合格率统计表

序号	行政区	站点编码	水站名称	站点分类	参数数据有效率 /%											数据平均传输率 / %	数据平均有效率 / %	数据有效率考核结果
					水温	pH	溶解氧	电导率	浊度	高锰酸盐指数	氨氮	总磷	总氮	叶绿素 α	藻密度			
1																		
2																		

附件四　国家地表水自动监测站现场监督检查评分表——固定站

国家地表水自动监测站现场监督检查评分表——固定站

站点所在地：＿＿＿＿＿＿省＿＿＿＿＿＿市＿＿＿＿＿＿县 / 市区

自动站名称：＿＿＿＿＿＿＿＿＿　检查日期：＿＿＿＿＿＿＿＿＿　检查时间：＿＿＿＿＿＿＿＿＿

检查项目	检查要点	原则性问题说明	备注
原则性问题	采水口上游 1 000 m、下游 200 m，湖库点位 500 m 内环境满足要求	□ 人为改变河流 / 湖泊现状、水体环境、采水口位置，存在投撒药剂、铺设绿植、人工曝气、截污改道等情况 □ 地方基础保障响应不及时致站点停运 备注：需明确地方或运维责任	
	关键参数设置准确	□ 擅自更改仪器关键参数设置，关键参数包括消解温度、消解时间、斜率与截距（斜率与截距因仪器自动生成，在合理范围内，不得人为手动更改），且关键参数与平台备案不一致	
	排查人为干扰监 测系统、篡改监 测数据情况	□ 虚假填写运维工单，干扰监测数据质量 □ 改变原水水质，干扰监测数据质量 □ 在仪器设备上安装有不允许的插件或远程控制软件 □ 站点停运原因与实际情况不一致 □ 人为干扰检查	

续表

检查项目	检查要点	单项分值	得分	评分说明	备注
运维规范性问题	采水口周围及管路清洁通畅	4		□ 采水口处未定期清理，导致有大量水草、杂物堆积 □ 采排水管路存在堵塞、漏液现象 备注：一项不合格扣除 2 分	
	配水及预处理单元满足要求	8		□ 五参数测定未使用原水 □ 高锰酸盐指数、总磷、总氮及氨氮仪器自然沉淀水样时间不满足 30 min □ 五参数检测池未清洁 □ 预处理装置单元未清洁 备注：一项不合格扣除 2 分	
	仪器、管路及试剂规范使用	12		□ 样水杯未清洁 □ 未保持仪器及管路干净整洁，有漏液情况 □ 试剂、标准溶液超过有效期仍在使用，或有效期设置不规范 □ 试剂、标准溶液未按要求存放，未贴标签，或标签不规范 □ 仪器更换试剂（清洗水除外），未进行校准或标准溶液核查 □ 仪器更换关键部件后，未进行多点线性核查或实际水样比对 备注：一项不合格扣除 2 分	

续表

检查项目	检查要点	单项分值	得分	评分说明	备注
运维规范性问题	异常处理	12		□ 一般故障未在 8 小时内（工作时间）响应，24 小时内解决，故障处理过程无对应台账记录 □ 不易诊断和检修故障 48 小时内未制定解决方案，未按要求开展补测 □ 仪器设备未及时开展预防性维护，检查当日不能正常运行 备注：一项不合格扣 4 分	
	档案记录规范填写	14		□ 运维关键环节照片不完整 □ 无日常巡检记录或记录不准确、不完整 □ 无试剂、标准样品更换记录或记录不准确、不完整 □ 无耗材、配件更换记录或记录不准确、不完整 □ 无仪器设备检修记录或记录不完整、不规范 □ 无仪器校准记录或记录不完整、不规范 □ 无每月实际水样比对（Ⅲ类～劣Ⅴ类水）记录或记录不完整、不规范 □ 无停运补测记录或记录不准确、不完整 备注：一项不合格扣 2 分，扣分上限为单项分值	

续表

检查项目	检查要点	单项分值	得分	评分说明	备注
运维规范性问题	运维质量控制工作规范完成	18		□ 标样配制准备不充分、过程不规范 □ 未按要求每周开展标样核查（五参数） □ 未按要求每月开展多点线性核查（Ⅰ类～劣Ⅴ类水） □ 多点线性测试多个数据后，选择性上传（Ⅰ类－劣Ⅴ类水） □ 未按要求每月开展实际水样比对（Ⅲ类～劣Ⅴ类水） □ 未按要求每月开展集成干预检查（Ⅲ类～劣Ⅴ类水） □ 未按要求每月开展加标回收率测试（Ⅲ类～劣Ⅴ类水） □ 叶绿素 a、蓝绿藻密度未按要求开展多点线性核查 □ 未按要求开展停运补测 备注：一项不合格扣 2 分	
	站房保障符合要求	12		□ 废液未按规定收集、存放，无分类标签 □ 自动留样器未正常运行 □ 视频监控系统正常状态下无法查看，或摄像头朝向发生自动转动，超过一个维护周期未维护正常 □ 更换仪器备机未及时报备或无相关信息 □ 仪器关键参数设置不规范 备注：一项不合格扣 3 分，扣分上限为单项分值	

续表

检查项目	检查要点	单项分值	得分	评分说明	备注
运维规范性问题	人为间接干扰检查	20		□ 人为强制断电、断网 □ 非运维人员无故进入站房 □ 值守人员做其职责范围以外的运维与管理工作 □ 运维人员在接到检查通知后随意进入站房，未一事一报备 □仪器使用矿泉水瓶盛装试剂、标准溶液等 备注：一项不合格扣除 4 分	
总分（100 分）					

检查项目	检查要点	评分说明	备注
其他问题	人员	□ 运维人员未持有总站颁发的培训合格证、上岗证，或人证不符 □ 运维人员未按照廉洁保密要求开展工作	
	日常维护满足规范要求	□ 仪器系统耗材、易损件及备件未按规定及时更换 □ 检查当日仪器设备突发异常，不能正常运行 □ 数据采集、传输异常，仪器数据与工控机、平台误差超过 1%	
	规范程序性文件制定	□ 未编制质量手册、程序文件 □ 未编制作业指导书	
	站房环境满足规范要求	□ 站房环境脏，有明显刺鼻异味，仪器电源线路管路不规整等 □ 站房温度不在 18～28℃范围，相对湿度超过 60% 或站房未配备温、湿度计 □ 站房有无关设备及杂物	
	监测点位的名称与国家批复一致	□ 水站站房名称未与平台一致	

续表

检查项目	检查要点	单项分值	得分	评分说明	备注
其他需要特别记录的问题					
检查机构 意见或建议					
专家组 意见或建议					
运维机构 意见或建议					

检查机构：＿＿＿＿＿＿＿＿　检查人员：＿＿＿＿＿＿＿＿　时间：＿＿＿＿＿＿＿＿

运维机构：＿＿＿＿＿＿＿＿　运维人员：＿＿＿＿＿＿＿＿　时间：＿＿＿＿＿＿＿＿

附件五　地方保障问题记录表

地方保障问题记录表

检查项目	检查要点	地方保障问题说明	备注
地方保障问题	采水及排水设备、视频监控、站房辅助设施、废液处置、防雷验收报告等不符合要求（不含水下部分）	□ 未配置双泵 / 双管路采水，无备用采水系统 □ 采水装置不能随水位变化适时调整位置（沉底式装置除外，冬、夏季环境温度影响较大的城市除外） □ 采水泵不具备安全的固定方式及固定地点 □ 采水泵不能进行自动或手动切换，满足实时不间断监测要求或扬程不满足需求 □ 采水管道不具备防冻与保温功能（冬、夏季环境温度影响较小的城市除外） □ 排水口未在取水口下游 20 m 以外 □ 视频监控未配置齐全 □ 废液未按规定转运处理 □ 未做到“四通一平” 1. 未通自来水；2. 无硬化道路；3. 未通电；4. 无通信信号；5. 站房场地不平整 □ 站房辅助设施未配置或未正常运行 稳压器、空压机、空调、消防灭火器、烟感、温感报警装置等辅助设备未按要求配置并正常运行 □ 现场无防雷验收报告，或报告过期 □无电源防雷、网络防雷、避雷针接地（无线与光纤无须网络防雷）	

附件六　现场监测仪器校准（核查）记录表及监测项目比对记录表

现场监测仪器校准（核查）记录表

<table>
<tr><td colspan="2">断面 / 站点名称</td><td colspan="4"></td><td colspan="3">校准（核查）日期</td><td></td></tr>
<tr><td colspan="10">pH 便携仪器校准（核查）</td></tr>
<tr><td colspan="2">仪器名称及型号</td><td colspan="2"></td><td colspan="2">仪器编号</td><td></td><td colspan="2">仪器检定有效期</td><td></td></tr>
<tr><td>缓冲溶液 1
温度 /℃</td><td>标准值
（无量纲）</td><td>仪器示值
（无量纲）</td><td>缓冲溶液 2
温度 /℃</td><td>标准值
（无量纲）</td><td>仪器示值
（无量纲）</td><td>缓冲溶液 3
温度 /℃</td><td>标准值
（无量纲）</td><td>仪器示值
（无量纲）</td><td>校准 /
（核查）
结果</td></tr>
<tr><td></td><td></td><td></td><td></td><td></td><td></td><td></td><td></td><td></td><td>□通过
□不通过</td></tr>
<tr><td>质控样编号</td><td></td><td colspan="2">标准值（25℃）（无量纲）</td><td colspan="2"></td><td colspan="2">仪器示值（无量纲）</td><td></td><td>□通过
□不通过</td></tr>
<tr><td colspan="10">溶解氧便携式仪器校准</td></tr>
<tr><td colspan="2">仪器名称及型号</td><td colspan="2"></td><td colspan="2">仪器编号</td><td></td><td colspan="2">仪器检定有效期</td><td></td></tr>
<tr><td colspan="2">大气压 /kPa</td><td colspan="2">温度 /℃</td><td colspan="2">零点校准仪器值 /
（mg/L）</td><td>饱和溶解氧浓度值 /
（mg/L）</td><td colspan="2">饱和溶解氧仪器示值 /
（mg/L）</td><td>校准 /
（核查）
结果</td></tr>
<tr><td colspan="2"></td><td colspan="2"></td><td colspan="2"></td><td></td><td colspan="2"></td><td>□通过
□不通过</td></tr>
</table>

续表

<table>
<tr><td colspan="10">电导率便携仪器校准</td></tr>
<tr><td>仪器名称及型号</td><td colspan="2"></td><td colspan="2">仪器编号</td><td colspan="2"></td><td>仪器检定有效期</td><td colspan="2"></td></tr>
<tr><td colspan="3">温度 /℃</td><td colspan="2">零点校准仪器值 /（μS/cm）</td><td colspan="2">标准溶液浓度值 /（μS/cm）</td><td colspan="2">标准溶液仪器示值 /（μS/cm）</td><td>校准 /（核查）结果</td></tr>
<tr><td colspan="3"></td><td colspan="2"></td><td colspan="2"></td><td colspan="2"></td><td>□通过
□不通过</td></tr>
<tr><td>质控样编号</td><td></td><td colspan="2">标准值（25℃）/（μS/cm）</td><td colspan="2"></td><td colspan="2">仪器示值 /（μS/cm）</td><td></td><td>□通过
□不通过</td></tr>
<tr><td colspan="10">浊度便携仪器校准</td></tr>
<tr><td>仪器名称及型号</td><td colspan="2"></td><td colspan="2">仪器编号</td><td colspan="2"></td><td>仪器检定有效期</td><td colspan="2"></td></tr>
<tr><td>零点校准</td><td colspan="2">标准溶液 1</td><td colspan="2">标准溶液 2</td><td colspan="2">标准溶液 3</td><td colspan="2">标准溶液 4</td><td>校准 /（核查）结果</td></tr>
<tr><td>仪器示值 /NTU</td><td>标准值 /NTU</td><td>仪器示值 /NTU</td><td>标准值 /NTU</td><td>仪器示值 /NTU</td><td>标准值 /NTU</td><td>仪器示值 /NTU</td><td>标准值 /NTU</td><td>仪器示值 /NTU</td><td rowspan="2">□通过
□不通过</td></tr>
<tr><td></td><td></td><td></td><td></td><td></td><td></td><td></td><td></td><td></td></tr>
<tr><td>质控样编号</td><td colspan="2"></td><td colspan="2">标准值 /NTU</td><td colspan="2"></td><td>仪器示值 /NTU</td><td></td><td>□通过
□不通过</td></tr>
</table>

校准 / 核查人：　　　　　　　　复核人：

现场监测项目比对记录表

站点 / 断面：　　　　　点位：☐ 左表　☐ 中泓　☐ 右表　☐ 五参数池　☐ 沉砂池　☐ 其他　　　坐标：（N：　　　E：　　　）

样品编号：　　　　　比对日期：　　　　　监测 / 运维机构：　　　　　检查机构：

比对项目	分析单元	实际样品测定值					绝对偏差	相对偏差 /%	考核标准	考核结果
		空白	第一次	第二次	第三次	平均值				
水温 /℃	A	—							绝对偏差 ±0.5℃	☐合格 ☐不合格
	B	—								☐合格 ☐不合格
pH/（无量纲）	A	—							绝对偏差 ±0.5	☐合格 ☐不合格
	B	—								☐合格 ☐不合格
溶解氧（mg/L）	A	—							绝对偏差 ±0.8 mg/L 双方数据均过饱和时，判定为合格	☐合格 ☐不合格
	B	—								☐合格 ☐不合格
浊度 / NTU	A								≤30 NTU 或≥1 000 NTU，相对偏差判定为合格	☐合格 ☐不合格
	B								30 NTU＜水样浊度＜1 000 NTU，相对偏差 ±30%（水站）/ ±10%（采测分离）	☐合格 ☐不合格

续表

<table>
<tr><th rowspan="2">比对项目</th><th rowspan="2">分析单元</th><th colspan="5">实际样品测定值</th><th rowspan="2">绝对偏差</th><th rowspan="2">相对偏差 /%</th><th rowspan="2">考核标准</th><th rowspan="2">考核结果</th></tr>
<tr><th>空白</th><th>第一次</th><th>第二次</th><th>第三次</th><th>平均值</th></tr>
<tr><td rowspan="2">电导率 /（μS/cm）</td><td>A</td><td>—</td><td></td><td></td><td></td><td></td><td rowspan="2"></td><td rowspan="2"></td><td>水样电导率＞100 μS/cm，相对偏差 ±10%</td><td>□合格
□不合格</td></tr>
<tr><td>B</td><td>—</td><td></td><td></td><td></td><td></td><td>水样电导率≤100 μS/cm，绝对偏差 ±10 μS/cm</td><td>□合格
□不合格</td></tr>
<tr><td rowspan="2">透明度 /cm</td><td>A</td><td>—</td><td></td><td></td><td></td><td></td><td rowspan="2"></td><td rowspan="2"></td><td rowspan="2">相对偏差 ±5%</td><td>□合格
□不合格</td></tr>
<tr><td>B</td><td>—</td><td></td><td></td><td></td><td></td><td>□合格
□不合格</td></tr>
<tr><td rowspan="2">盐度 /‰</td><td>A</td><td>—</td><td></td><td></td><td></td><td></td><td rowspan="2"></td><td rowspan="2"></td><td>双方数据≤0.2‰，判定为合格</td><td>□合格
□不合格</td></tr>
<tr><td>B</td><td>—</td><td></td><td></td><td></td><td></td><td>双方数据＞0.2‰，相对偏差 ±10%</td><td>□合格
□不合格</td></tr>
<tr><td colspan="4" rowspan="4">注：绝对偏差 =$A_{平均}-B_{平均}$
相对偏差 =（$A_{平均}-B_{平均}$）/（$A_{平均}+B_{平均}$）×100%
A——监测 / 运维单位测定值；B——检查机构测定值</td><td colspan="3" rowspan="4">□原位监测
□取样监测
无论原位监测还是取样监测，监测 / 运维单位和检查机构均应同一环境下测试</td><td>断面类型</td><td colspan="3">需比对项目</td></tr>
<tr><td>河流 / 水站</td><td colspan="3">pH、水温、溶解氧（DO）、浊度、电导率</td></tr>
<tr><td>湖库</td><td colspan="3">pH、水温、溶解氧（DO）、浊度、电导率、透明度</td></tr>
<tr><td>入海</td><td colspan="3">pH、水温、溶解氧（DO）、浊度、电导率、盐度</td></tr>
</table>

运维 / 监测人员：　　　　检查人员：　　　　复核人：

附件七　盲样考核记录表

盲样考核记录表

检查项目	检查要点	是否合格	检查说明	备注
盲样考核	高锰酸盐指数水质自动分析仪盲样考核结果（单位：mg/L） 盲样编号：________盲样浓度：______ 在线设备值①：______相对误差：______□ 在线设备值②：______相对误差：______□	□	高锰酸盐指数盲样考核相对误差超过 ±20% 盲样状态：□正常　□不正常	
	总磷水质自动分析仪盲样考核结果（单位：mg/L） 盲样编号：________盲样浓度：______ 在线设备值①：______相对误差：______□ 在线设备值②：______相对误差：______□	□	总磷盲样考核相对误差超过 ±15% 盲样状态：□正常　□不正常	
	总氮水质自动分析仪盲样考核结果（单位：mg/L） 盲样编号：________盲样浓度：______ 在线设备值①：______相对误差：______□ 在线设备值②：______相对误差：______□	□	总氮盲样考核相对误差超过 ±20% 盲样状态：□正常　□不正常	
	氨氮水质自动分析仪盲样考核结果（单位：mg/L） 盲样编号：________盲样浓度：______ 在线设备值①：______相对误差：______□ 在线设备值②：______相对误差：______□	□	氨氮盲样考核相对误差超过 ±15% 盲样状态：□正常　□不正常	

检查人员：____________________　　时间：______年______月______日

运维人员：____________________　　时间：______年______月______日